지구의 생명, 물의 위기

애니타 로딕 · 브룩 셸비 빅스 편저 | 황해선 옮김

# Troubled
# Water

생명의 위기를 부르는 물의 산업화는 피할 수 없는 것인가?

## 지구의 생명,
## 물의
## 위기

시간과공간사

# 감사의 글

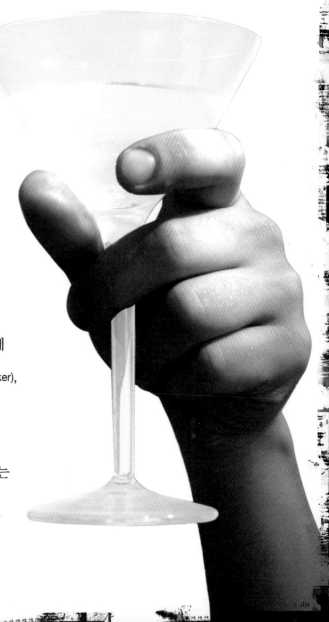

우리가 처음 이 주제에 접했을 때 올바른 방향을 제시하고 이끌어 준 메디나 벤자민 (Medena Benjamin)과 케빈 다나허(Kebin Danaher)에게 감사드립니다.

그리고 세미나를 개최해 우리가 이 책을 쓸 수 있도록 영감을 불어넣어 준 사티시 쿠마르(Satish Kumar)와 기발한 창의력으로 가득한 단체인 휠하우스 크리에이티브(Wheelhouse Creative)에게도 감사의 말을 전합니다.

또 세상에는 무슨 일이든 일어날 수 있다는 신념 하에 행동하는 캐런 비숍(Karren Bishop)과 헬렌 카커(Helen Cocker), 현장에서 일하는 활동가와 민간단체들에게도 감사드립니다.

마지막으로 이 책의 저자들이 가장 중요하게 생각하는 독자 여러분에게 감사의 마음을 전합니다.

미국에서 하루 분량의 신문을 제작하려면
수백만 갤런의 물이 필요하다.

식기 세척기를 한 번 돌리는 데
20갤런의 물이 사용된다.

뉴욕 시에서 팔리는 생수 한 병은
동일한 양의 수돗물 가격보다
천 배나 비싸다.

미국인은 평균적으로
1년에 54병의 생수를 마신다.

이를 닦는 동안 수돗물을 틀어 놓으면
4~6갤런의 물이 낭비된다.

10분 동안 샤워를 하면서
10갤런의 물을 사용한다.

보통 목욕을 하면서
40갤런의 물을 사용한다.

화장실 변기를 한 번 내리는 데
3~7갤런의 물이 소모된다.

(1 갤런=약 3.79리터)

# CONTENTS

# 01 지구와 인간의 생명줄, 물

애니타 로딕(Anita Roddick)

물은 인간에게 없어서는 안 될 기본적인 물질로서 생명을 부여하고 유지시킨다. 우리는 물을 마시고, 물에서 성장하며, 물을 의지하고 살아간다. 물은 지구에 존재하는 물질 중에서 가장 기본적인 요소이다. 음식을 먹지 않고는 3주를 견딜 수 있지만 물을 마시지 못하면 3일도 되지 않아 생명을 잃을 것이다.

인간에게 생존보다 강한 욕구는 없고, 지구상에 물보다 생존에 필수적인 물질은 없다. 이런 이유로 사람들은 물을 민영화하려는 욕심을 부리며, 물을 놓고 생사가 걸린 싸움을 한다. 자본가는 물을 민영화하려는 꿈을 버리지 않으며, 물 때문에 전쟁을 일으키기도 한다.

그러나 물은 기업의 상품이 될 수 없고, 비즈니스 대상으로 통제될 수도 없다. 인간은 모두 물 없이 살 수 없는 존재이므로 누구나 물을 사용할 정당한 권리가 있다.

나는 서구사회의 농업 관련 산업이 자연을 얼마나 많이 훼손했는지를 목격한 바 있다. 그들은 손아귀에 넣을 수 있는 땅이란 땅은 모두 농경지로 바꾸고 있다. 하천은 인위적으

우물이 말라서야 우리는 물의 가치를
알게 된다.

_ 벤자민 프랭클린(Benjamin Franklin)

새롭게 시추한 우물가의 아이들
캄보디아(Cambodia)에서 활동하는 옥스팸 제공

로 물길이 바뀌어 우리 눈앞에서 말라가고 있으며, 황무지는 개간이라는 미명 아래 파괴되어 농경지가 되고 있다.(골프장과 경마장, 인위적으로 조성된 교외의 잔디밭은 더 이상 언급할 필요도 없다.) 수많은 관개수로(灌漑水路)가 건설되어 더운 날이나 바람이 심한 날에는 수천 갤런의 소중한 물이 증발해 버리고 있다. 목화 산업 때문에 미국 남부지역의 자연

> "약탈자가 손잡이를 가져가 버려 펌프가 작동하지 않습니다."
>
> _ 밥 딜런(Bob Dylan)

습지는 사라져 가고 있다. 살충제가 대량 살포된 작물에 공급된 물은 흘러갈 곳이 없다. 결국 이 물은 펌프로 퍼내어져 불결하고 유해한 상태로 토양에 흡수되어 다른 땅을 불모지로 만든다. 이런 토양은 인간을 비롯한 지구상의 모든 생물에 큰 위협이 되고 있다.

얼마나 등골 오싹한 상태인가!

지구상에 사는 사람들 대부분은 자연적으로 형성된 물길을 찾아 이용하기가 매우 어렵다. 세계 10억 명의 사람은 집에서 15분 이상을 걸어가야만 물을 발견할 수 있다. 한 예로 아프리카에서 여성이 물을 길어 나르느라 허비하는 시간은 연간 400억 시간이나 된다.

아프리카에서 한 가정은 평균적으로 매일 대략 5갤런(19리터)의 물을 사용한다. 이에 비해, 미국 가정은 평균적으로 매일 250갤런(946리터) 이상의 물을 사용하며, 아프리카 여성처럼 물을 길러 멀리 다니지도 않는다.

물을 놓고 전쟁이 벌어지리라는 예측이 있다. 정말로 그럴까? 사실, 물을 얻기 위한 전쟁은 언제나 있어 왔다. 성경에는 물을 놓고 벌이는 전쟁에 관한 언급이 많다. 그 당시나

지금이나 마찬가지로 중동의 권력 다툼은 물을 놓고 벌어졌다.

1967년에 이스라엘과 아랍 국가들 사이에 벌어진 '6일 전쟁(Six Day War)'은 물에 대한 접근을 놓고 벌어졌다. 이스라엘은 웨스트 뱅크(West Bank)를 점령한 후 산악 대수층(aquifer, 지하수를 함유하고 있는 지층-역주)과 요르단 강 유역에서 흘러 내려오는 물의 79%를 사용하고 있다. 요즘 중동 분쟁은 특정 지역을 놓고 발생하지만, 그 이면에는 그 지역 밑으로 흐르는, 또는 그 지역으로 흘러 들어오고 나가는 물을 놓고 벌이는 싸움으로 볼 수도 있다.

부는 권력을 쫓고 권력은 물을 쫓는다. 최근 로버트 F. 케네디 주니어(Robert F. Kennedy Jr.)는 내게 "우리는 전례가 없었던 일을 목격하고 있습니다. 물은 더 이상 아래로 흐르지 않습니다. 물은 돈을 향해 흘러가고 있습니다."라고 말했다.

과거와 달리, 이제 물은 국제적으로 여러 나라에 영향을 미치고 있다. 『포춘(Fortune)』에는 "물은 가장 규모가 큰 비즈니스 기회 중 하나이다. 20세기에 석유가 했던 역할을 21세기에 물이 할 것이다."라는 기사가 실렸다. 코카콜라(Coca-Cola)의 1993년도 사업보고서에는 "코카콜라 가족 모두는 아침에 일어날 때마다 전 세계의 56억 명이나 되는 인구가 갈증에 시달릴 날이 올 것이라는 사실을 인식해야 합니다. 그때가 왔을 때, 이 56억 명이 코카콜라에서 벗어나지 못하도록 한다면 우리의 성공은 영원히 보장될 것입니다. 따라서 우리는 반드시 이 시장을 확보해야 합니다."라는 내용이 있다. 코카콜라는 십여 개의 생수 브랜드를 보유하고 있다. 미국에서 다사니(Dasani), 에비앙(Evian), 호주에서 펌프(Pump), 영국에서

> 다행히, 21세기에 들어와 새로운 정치적 반격이 일어나고 있다.

> 우리는 전례에 없던 일을 목격하고 있습니다. 물은 더 이상 아래로 흐르지 않습니다. 물은 돈을 향해 흘러가고 있습니다.
>
> _ 로버트 F. 케네디 주니어(Robert F. Kennedy Jr.)

맬번(Malvern)이라는 생수 브랜드를 생산한다. 경쟁사인 펩시(Pepsi)도 역시 생수 시장에 뛰어 들고 있다. 하지만 네슬레(Nestle)는 국제적으로 77개 브랜드를 보유해 생수 시장에서 이 두 회사를 앞지르고 있다.

물은 미래의 우리 모습에 큰 영향을 미칠 것이다. 고갈되는 수자원으로 인해 모든 것이 변하고, 자연에서 얻는 신선한 물은 군대가 보호해야 할 자원이 될 것이다. 물총에 넣을 물조차 값비싼 귀금속인 백금의 가격보다 오르고, 시위 진압 경찰은 물대포를 사용할 엄두를 내지 못한 채 협상에 나설 수밖에 없을 것이다.(이 한 가지는 그나마 나쁜 일이 아니다.) 우산이 더 이상 필요 없는 세상을 상상해 보라. 도도(dodo) 새가 멸종되었듯이 자연에서 얻는 깨끗한 물이 사라지고 있는 지금, 우리는 당장 조치를 취해야 한다.

다행히, 21세기에 들어와 새로운 정치적 반격이 일어나고 있다. 대부분의 지역에서 지나친 중앙권력을 지양하고 지방자치가 자리를 잡고 있다. 이와 같은 풀뿌리 민주주의 혁명은 지역사회의 생활방식을 긍정적으로 변화시키고 있다. 그리고 곳곳에서 사람들은 마이크로소프트(Microsoft)나 바이어(Bayer), 엑손(Exxons)과 같은 기업이 꿈조차 꿀 수 없는 창의적인 해결책을 찾아내고 있다.

이 사람들은 일생에 열 번 정도 사용하게 되는 투표권이 주어지는 것을 자유라고 생각하지 않는다. 그들은 자유란 자신의 정치적 운명뿐만 아니라 경제적 운명도 스스로 결정할

권리라고 생각한다. 아울러 그들은 경제적 국
제화가 세계 도처의 사람들에게서 무엇을 훔쳐
가고 있는지 정확히 인식한다.

　이 책은 세계 도처에서 발생하고 있는 물 문
제를 탐구할 뿐만 아니라, 가능한 몇 가지 해결
책을 확인하고 널리 알리려는 작은
노력의 산물이다.

　　갈증이 나는가?

남아프리카공화국의 넬스프루이트(Nelspruit)에 거주하
는 주민은 말 그대로 공기에도 돈을 지불한다. 이 도시
에 물을 공급하는 권리를 보유한 바이워터(Biwater) 사
는 당신이 수도꼭지 앞에서 물이 나오기를 기다리며
대기한 시간까지 계산해서 요금을 매긴다.
다시 말해 그 시간에 들이마신 공기의 값을 지불하는
것이나 다름없는 것이다.

애니타 로딕_www.AnitaRoddick.com

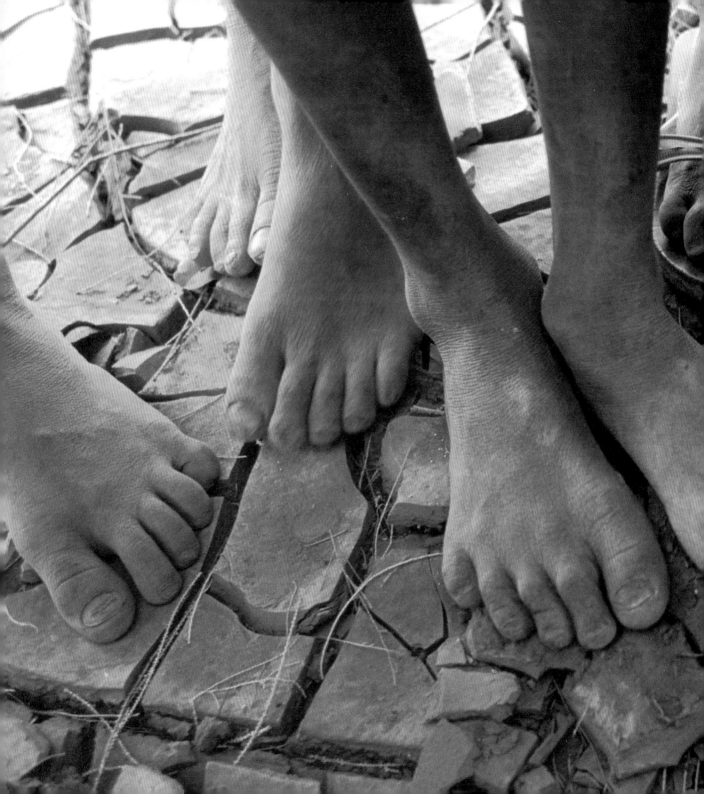

세계 10억 명의 사람은 집에서 15분 이상을 걸어가야만 물을 발견할 수 있다.

물이 없다면
우리는 **3**일 안에
죽게 될 것이다.

# 물의 제왕

모드 발로(Maude Barlow) · 토니 클라크(Tony Clarke)

신선한 물이 부족해 위기가 올 수 있다는 급작스런 연구 결과에 직면한 각국 정부와 국제금융기관은 물의 민영화와 상품화를 옹호하기 시작했다.

세계적으로 수자원이 고갈되고 있기 때문에 신선한 물은 21세기의 '푸른 황금(Blue Gold)'이 되고 있다. 이제 물은 국가와 사회의 운명을 가름하는 소중한 보물이 되었다. 사업자들은 갑자기 물의 미래에 큰 관심을 두기 시작했고, 제한적이고 고갈되어 가는 수자원을 통제하려는 움직임을 보이고 있다. 각국은 경쟁적으로 천연자원의 보호를 포기하고 공유해야 할 생태자원을 민영화하고 있다. 이들 국가는 이구동성으로 물에 가격을 매겨 판매하며 시장이 물의 미래를 결정하도록 허용한다.

그리고 세계은행(World Bank)과 국제통화기금(International Monetary fund)의 지원을 받는 국경을 초월한 소수의 기업은 세계 각국에서 공공적인 상수도 서비스를 공격적으로 인수했

금세기가
**석유**를 놓고
전쟁을 벌였다면,

다음 세기는
**물**을 놓고
전쟁을 벌일 것이다.

이스마일 세라겔딘(Ismail Serageldin) _ 세계은행 수석 부총재

> **물은 이제 이윤의 원칙에 따라 그 사용이 결정되는 일반적인 상품처럼 취급되고 있다.**

고, 지역 주민에게 공급하는 물의 가격을 크게 인상해 이윤을 취하고 있다. 특히 물 위기를 극복할 해결책을 필사적으로 찾고 있는 제3세계 국가에서 막대한 이윤을 거둬들이고 있다. 일부 국가는 놀라울 정도로 물 시장을 개방하고 있으며, 신선한 물 공급의 부족과 규제 완화로 물 관리기업과 그 투자자는 놀라운 수익을 창출할 기회를 맞고 있다. 물이 이윤의 원칙에 따라 그 사용이 결정되는 다른 일반적인 상품처럼 취급되고 있는 것이다.

현재, 이윤을 위해 신선한 물을 공급하는 주요 기업은 열 곳이나 된다. 그중 가장 규모가 큰 세 기업인 프랑스의 수에즈(Suez)와 비방디 환경(Vivendi Environment), 독일의 RWE-AG는 100여 개국 이상에서 거의 3억 명의 고객에게 상하수도 서비스를 제공한다. 그리고 이들보다 규모가 작은 부이그 소어(Bouygues SAUR)와 템스 워터(Thames Water, 독일 에너지 재벌 RWE 소유), 벡텔-유나이티드 유틸리티(Bechtel-United Utilities)는 지구촌 곳곳에서 시장을 확장하고 있다. 이런 기업의 성장률은 상상을 뛰어넘는다. 10년 전에 이 기업들은 단지 12개국에서 5,100만 명의 고객에게 서비스를 제공할 뿐이었다.

현재 상수도 공급 서비스 중 민간기업이 통제하는 비율은 10% 미만에 그치고 있지만 그 비율은 급격히 증가하고 있어 앞으로 10년 후에는 상위 세 기업이 유럽과 북미의 상수도 서비스에서 차지하는 비중은 70% 이상 될 것이다.

다국적 기업 세 곳은 매출액을 계속 성장시켜 왔다. 비방디는 10년 전에 물 관련 매출액이 50억 달러에 불과했지만, 2002년에 그 매출액 규모는 120억 달러를 넘어섰다. RWE는

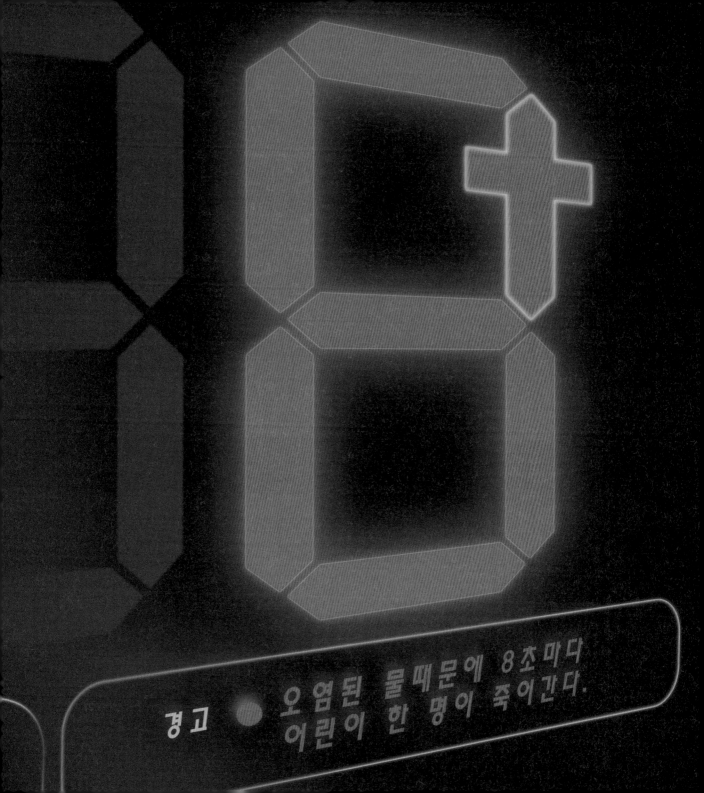

경고 ● 오염된 물 때문에 8초마다
어린이 한 명이 죽어간다.

영국 기업인 템스 워터를 인수해 세계 시장에 진출했고, 지난 10년 동안 물 관련 산업에서 매출액 9,786%라는 경이적인 성장률을 달성했다. 이 세 기업의 2001년도 물 관련 매출액은 1,600억 달러이며 매년 10%의 성장률을 기록해 왔다. 또한 이들 기업은 점점 더 많은 인력을 채용하고 있다. 비방디는 세계적으로 29만 5천 명, 수에즈는 17만 3천 명의 인력을 보유하고 있다.

상하수도 서비스를 제공하는 기업들은 자신의 이익에 부합하는 방향으로 규제를 제정하기 위해 엄청난 로비를 벌인다. 프랑스에서 수에즈와 비방디는 중앙 또는 지방의 정부와 긴밀한 정치적 관계를 맺고 있다. 워싱턴에서 이들 기업은 자사에 유리한 방향으로 조세법을 개정했고, 재정난에 시달리는 지방정부가 연방 교부금과 융자를 받는 대신에 엄청난 이윤이 보장되는 상수도 시스템의 민영화를 허용하는 법령을 제정하도록 의회를 설득하고 있다.

유럽과 개발도상국가에서 이런 기업들이 저지른 행동은 기록으로 비교적 상세히 남아 있다. 이들은 물에 높은 가격을 책정해 막대한 이윤을 거둬들이고, 요금을 지불하지 않는 고객에게 가차 없이 단수 조치를 내리고 있다. 공급하는 물의 수질은 갈수록 저하되고, 기업의 경영은 부정부패로 썩어 있다. 이는 그리 놀라운 일도 아니다. 따라서 대규모 민간단체는 물의 제왕이 지역의 물을 지배하려는 움직임에 대항하는 운동을 점점 더 많이 벌이고 있다.

물 부족에 대한 관심이 커짐에 따라 세계는 다함께 거대 기업이 저지르고 있는 도둑 행위에 정면으로 대응해야 한다. 탐욕스런 소수의 이익을 위해 물이 사용되어서는 안 된다는 국제적 공감대를 형성해야만 앞으로 우리 모두가 안전한 물의 공급을 받을 수 있을 것이다.

**모드 발로**(캐나다 위원회 의장) · **토니 클라크**(폴라리스 인스티튜트 소장)
_ 17개국에서 출판된 「푸른 황금, 세계 도처에서 물을 훔치는 기업과의 전쟁
(Blue Gold, The Battle Against the Corporate Theft of the World's Water)」의 공저자

제3세계 국가의
도시 거주민은
유럽이나 북미의
도시 거주민보다 **5** 최고 배나
비싼 상하수도 요금을
지불한다.

# 03 푸른 혁명

짐 슐츠(Jim Schultz) · 민주주의 센터(The Democracy Center)

2000년 4월 이전까지는 안데스 산맥에 자리 잡은 인구 60만 명의 볼리비아 도시인 코차밤바(Cochabamba)를 아는 외부 사람은 별로 없었다 그러나 지금의 코차밤바는 정의를 위해 세계화와 싸우는 대표적인 상징이 되었다

군대를 해산시키고 계엄령과 허구적인 경제이론에 저항하는 남아메리카의 가난한 민중은 세계에서 가장 부유한 기업을 몰아내고, 가장 기본적이고 필수적인 물질을 되찾았다. 그들은 바로 물을 되찾은 것이다.

경찰의 최루탄 살포와 구타로 175명이 넘는 민중이 부상당했다.

1980년대와 90년대에 세계은행(World Bank)과 국제통화기금(International Monetary Fund)은 볼리비아를 주요한 시험대로 삼아 일

위스키는 마시기 위한 것이지만 물은
투쟁을 위한 것이다.

＿ 마트 트웨인(Mark Twain)

수도요금 인상에 맞선 민중의 저항

련의 경제정책을 실시했다. 볼리비아는 국제 차관 원조와 부채 삭감을 중단하겠다는 위협 아래 항공 산업과 도로, 전기 회사를 민간에 매각했다. 1997년 6월, 세계은행의 관리들은 볼리비아 대통령에게 코차밤바의 상수도 시스템을 민영화하지 않는다면 국제 부채 6억 달러 삭감을 고려하겠다고 위협했다. 그리고 1999년 9월, 한 회사만이 참가한 밀실 입찰에서 볼리비아 정부는 캘리포니아 거대 엔지니어링 기업인 벡텔의 자회사에게 코차밤바의 상수도 서비스 사업권을 2039년까지 양도했다.

상수도 시스템을 인수한 지 몇 주 만에 벡텔은 수도 요금을 200% 이상 인상해 지역 주민에게 충격을 주었다. 월 평균 수입이 60달러밖에 되지 않는 지역 노동자는 수도꼭지에서 흘러나오는 물을 이용하기 위해 15달러를 지불해야 할 지경이었다. 네 아이의 어머니로서 아동복을 짜 생계를 유지하는 타냐 파레데스(Tanya Paredes)는 하루아침에 한 달간 물 요금으로 5달러가 아닌 20달러를 지불해야 했다. 인상액인 15달러는 그녀의 가족이 10여 일간 생활비를 충당하고도 남을 금액이었다. 그녀는 "우리 가족은 네 아이에게 들어갈 생활비를 수도 요금으로 지불하고 있습니다." 라고 말했다.

　　공장 노동자와 관개산업 종사자, 농부, 환경단체 등으로 구성된 새로운 민중연대가 물의 민영화에 맞서기 위해 조직되었다. 그 연대 조직의 이름은 '물과 생명의 수호를 위한 연대' 라는 의미의 라쿠르디나도라(La Coordinadora)였다. 2000년 1월, 수도 요금을 큰 폭으로 인상하겠다는 벡텔의 발표가 있은 후, 라쿠르디나도라는 3일 동안 코차밤바에서 전면적인 파업을 주도했다. 이 도시로 향하는 두 개의 주요 고속도로가 바리케이드로 차단되었고 공항도 폐쇄되었다. 이 도시로 향하는 모든 도로는 돌과 나무 더미로 봉쇄되었다. 가로수가 줄지어 선 식민지풍의 중앙 광장에는 수천 명의 코차밤바 주민들이 집결해 시위를 벌였다. 대규모 민중 저항에 직면한 볼리비아 정부는 수도 요금의 인상을 재고하겠다고 합의했다.

> 　　민중 저항의 지도자들은 볼리비아 밀림에 위치한 외딴 감옥에 투옥되었다. 군인들은 지역 텔레비전과 라디오 방송국을 점거해 방송을 중단시켰다.

그러나 정부는 약속을 지키지 않았다. 수도 요금에 아무런 변화가 없자, 라쿠르디나도라는 2월초에 중앙광장에서 새로운 민중집회를 열겠다고 선언했다. 이에 정부는 이 집회를 불법이라고 간주하고 도시의 치안을 회복한다는 명분으로 중무장한 1,200명의 군인과 경찰을 이 도시로 파견했다. 볼리비아 정부는 최루가스와 총탄으로 벡텔과의 계약을 지키려고 했다. 이 시위에서 경찰의 최루탄 살포와 구타로 175명이 넘는 민중이 부상당했다. 이로 인해 정부는 신뢰를 잃었고 결국 6개월 동안 한시적으로 수도 요금을 이전으로 되돌리겠다고 선언했다.

라쿠르디나도라의 지도자들은 정말 중요한 문제는 단지 수도 요금을 이전으로 되돌리는 것이 아니라 계약을 원천적으로 취소해 코차밤바의 물을 공공의 통제 아래에 두어야 한다는 것이라고 결정했다. 4월에 라쿠르디나도라는 '최후 투쟁'이라는 의미의 '라 울티마 바탈라(La Ultima Batalla)'를 선언했다. 벡텔과의 계약이 취소되고 물 권리를 보장할 새로운 법령이 제정될 때까지 총파업을 벌이고 고속도로 바리케이드를 철수하지 않겠다며 투쟁에 돌입했다. 이틀 후, 마침내 지방정부는 코차밤바의 가톨릭 대주교의 중재로 협상을 하는 데 동의했다. 하지만 중앙정부의 지시로 협상은 결렬되었고 라쿠르디나도라의 지도자들은 체포되었다.

물을 간청한다고 해서 갈증이 해소되지 않는다.

_ 우간다 속담

다음 날, 1970년대부터 볼리비아를 독재해 왔던 휴고 반저르(Hugo Banzer) 대통령은 계엄령을 선포했다. 그리고 저항 지도자들은 볼리비아 밀림에 위치한 외딴 감옥에 투옥되었고 다른 지도자들도 몸을 피해야 했다. 또한 군인들은 지역 텔레비전과 라디오 방송국을 점거해 방송을 중단시켰다.

민중은 정부의 조치에 신속하고 격렬한 반응을 보였다. 허리가 굽은 노파도 거리에서 돌을 던졌고 '물을 지키는 전사'라고 불리는 젊은이들은 반저르 군대에 맞서 거리 곳곳에서 투쟁을 벌였다. 여성들은 중앙광장에 머물며 투쟁을 벌이는 민중을 위해 음식을 만들었다.

토요일 오후, 지역 텔레비전 방송국은 민간인 복장으로 위장한 채 민간 시위대를 향해 총을 난사하는 육군 대위의 모습을 방영했다. 민중들은 비무장한 17세의 소년이 얼굴에 총을 맞고 사망하는 모습을 지켜보아야 했다. 그의 친구들과 볼리비아 국민들

> 백텔의 직원들은 볼리비아에서 도망쳤고, 계약은 취소되어 물은 새로운 공공기관에서 관리하게 되었다.

은 소년의 시체를 광장에 안치한 후 밤새 지켰다.

반저르 대통령의 공보 담당관은 외신 기자들에게 마약 밀매조직이 코차밤바에서 벌어지는 시위를 사주하고 있다는 거짓 정보를 흘렸다. 하지만 민주주의 센터에 있던 우리는 인터넷을 통해 미국과 캐나다 일간지에 진상을 알렸다. 세계에서 수많은 사람들이 벡텔의 최고경영자에게 이메일을 보내 볼리비아에서 떠나라고 요구했다. 또한 코차밤바의 주민들이 결코 물러서지 않을 것이라는 사실도 분명히 했다. 벡텔의 직원들은 볼리비아에서 도망쳤고, 계약은 취소되어 공공의 목적으로 관리하는 새로운 회사가 설립되어 물을 관리했다. 물을 사수하기 위한 코차밤바의 봉기는 민중의 의사와 무관하게 결정되는 경제적 지배에 맞서 싸운 민중 저항의 국제적 사례가 되었다.

2001년 11월, 벡텔은 물의 민영화를 강요한 세계은행에서 열린 비밀 교역분쟁위원회에서 볼리비아를 상대로 2,500만 달러를 보상하라는 소송을 제기했다. 소송 과정은 철저히 비밀에 부쳐져 어떤 내용이 오고 가고, 누가 증언을 했는지 전혀 언급되지 않았다. 2002년 8월, 41개국의 300개가 넘는 민간단체는 대중이 검토하고 참여할 수 있도록 비밀스럽게 진행되는 소송을 공개하라는 국제민간 청원을 세계은행에 제기했다.

"많은 사람들은 신자유주의 경제모델과 싸우는 것이 불가능하다고 말합니다."라고 시위에 참가한 대학생인 레니 올리베라(Leny Olivera)는 말한다. "하지만 우리는 볼리비아뿐만 아니라 전 세계적으로 싸울 수 있다는 사실을 보여줬습니다. 우리처럼 보잘것없어 보이는 민중이 다수이고, 이 민중은 다국적 기업보다 강합니다."

**짐 슐츠**
_ 민주주의 센터의 소장, 볼리비아 코차밤바에 거주

지구의 생명, 물의 위기

지구상에 물만큼 부드럽고 유연한 물질은 없다. 하지만 물은 단단하고 강한 물질을 파괴할 힘을 지니고 있다.

_ 노자

인간의 신체는 70%가 물이다.

지구는 70%가 물이다.

물은 인간의 가장 기본적인 권리이다.

수도꼭지에서 1초에 한 방울씩 떨어져 낭비되는 물은 한 달이면 욕조 17개 분량이 되고, 그 양은 1년에 1만 리터나 된다.

평균적으로 인간은 하루에 2.5리터의 물을 소비한다. 그중 1.5리터가 소변으로 배출된다. 눈물을 흘리면 1밀리미터의 물이 몸에서 배출되고, 하루에 땀으로 1~3리터의 수분이 몸 밖으로 빠져 나온다.

아랄 해(Aral Sea)는 세계에서 네 번째로 큰 호수였다. 그러나 면화재배를 위해 호수의 물이 사용되면서 아랄 해는 2015년이면 사라질지도 모를 운명에 처해 있다. 말라 버린 호수 바닥은 살충제로 오염되었고, 남아 있는 물조차 염분이 너무 높아져 아무 것에도 사용할 수 없다. 이제 호수는 물고기조차 살아갈 수 없는 지경에 이르렀다.

_ 한때는 번성했던 아랄 해 주변의 어업 풍경

무엇이든 치료할 수 있는 것은 소금기 있는 물, 즉 땀과 눈물 그리고 바닷물이다.

_ 타고르(Tagore)

# 04 거짓에 현혹되지 말자
## -민영화에 관한 6가지 거짓

반다나 시바(Vandana Shiva)

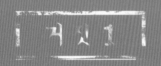

사회나 정부가 물에 투자할 자금이 없기 때문에 민영화는 필요하다.

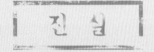

물 관련 민간기업은 직접 투자를 하지 않는다. 그들은 세계은행이나 국제통화기금에서 차관을 제공받아 수자원을 민영화하는 데 사용한다. 투자는 공공적 성격을 띠고 있지만 여기서 나오는 수익은 민간기업의 수중으로 들어간다. 또한 수자원을 민영화하면서 적용된 메커니즘과 정책은 세금 징수를 감소시키고 지역의 수입 기반을 약화시켜 지방 자치단체를 재정적으로 취약하게 만든다.

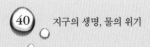

반드시 물에 가격을 매겨야 하고 상품처럼 취급되어야 한다. 물을 자유롭게 사용하도록 허용하면 수자원 낭비가 심해진다.

물 위기는 물의 가치를 화폐의 가치로 잘못 계산하는 데서 비롯되었다. 하지만 가격이 거의 없으면서도 가치가 매우 높은 자원이 있다. 삼림과 하천처럼 인류에 꼭 필요한 자원은 매우 높은 가치를 띠지만 화폐 가격을 지니지 않은 대표적 사례이다. 바다, 하천 및 기타 수자원은 인간이 지구에서 생존하는 데 매우 중요한 역할을 한다.

신성한 수자원은 가격을 매길 수 없고 상품화될 수 없다. 시장 가치는 자연의 정신적, 생태적 가치를 파괴한다.

시장은 수자원을 남용할 동기를 창출한다. 이 동기는 수자원의 보전이나 공평한 분배와는 거리가 멀다.

수자원의 민영화는 물을 좀더 효율적으로 공급한다. 깨끗한 물을 안전하고 더 많이 공급하기 위해 필요하다.

## 진실

수자원의 민영화는 물의 가격을 높여 오히려 물의 접근성을 떨어뜨린다. 거대 기업이 물을 민영화하는 순간, 물의 가격이 올라간다. 필리핀의 시빅만(Sibic Bay)에서 바이워터는 수도 요금을 400%나 올렸다. 프랑스에서는 민간회사가 고객에게 부과하는 수도 요금을 150%나 인상했지만 수질은 오히려 더 나빠졌다. 프랑스 정부의 보고서는 520만 명 이상이 '세균이 우글거려 도저히 마실 수 없는 물'을 공급받았다는 사실을 폭로했다. 영국에서는 물 요금이 450%나 올랐고 물을 공급하는 기업의 이익은 692%나 급증해 최고경영자는 708%나 증가한 보너스를 받았다. 반면에 물 공급이 중단되는 비율은 50%나 증가했고 오염된 물로 인한 이질 발생률도 50% 증가했다. 이에 따라 영국의료협회는 물이 국민 건강에 미치는 영향을 고려해 수자원의 민영화에 거세게 반대했다.

1998년, 수에즈리요네즈데조(Suez Lyonnaise des Eaux)가 호주 시드니 수돗물 사업을 인수한 직후, 수돗물은 박테리아로 크게 오염되었다. 그리고 수질 검사기관이 민간기업인 A&L연구소(A&L Labs)로 넘어간 이후, 온타리오 워커튼(Onttario Walkerton)에서 아기 한 명을 포함해 7명이 대장균 감염으로 사망했다. 이 회사는 검사 결과를 '비밀스러운 지적 재산권'이라고 주장하며 공개를 거부했다. 아르헨티나에서는 수에즈리요네즈데조의 자회사가 국영기업인 오브라스사니타리아스데라나시온(Obras Sanitarias de la Nacion)을 인수한 이후 수도 요금은 두 배나 뛰었지만 수질은 오히려 악화되었다. 이 회사는 주민들이 수도 요금의 납부를 거부하자 이 나라를 떠나야 했다.

가나의 한 마을에서 물을 나르기 위해 작은 도랑을 건너고 있는

물의 민영화는 정부의 간섭을 줄이고, 이에 따라 민간
의 역할을 높여 민주주의 발전에 기여한다.

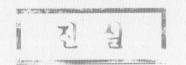

물의 민영화는 민간과 공공 사이의 파트너십을 통해 발생
한다. 즉 부패한 대기업과 부패한 정부 관리는 정당한 대중
참여, 공공적 계획, 그리고 공공적 투명성을 교묘히 피하며
물의 민영화 작업을 시도한다. 민간과 공공의 파트너십에서
민간은 오로지 기업에 불과하고 공공은 다름 아닌 집중화된
정부를 뜻할 뿐이다.

민영화는 집중화된 정부가 공동체와 지방 자치단체의 권
리를 침해하도록 허용한다. 그리고 공공적으로 사용되어야
할 물을 배타적으로 사용할 권리를 주장하고 물의 원천적 소
유권을 지닌 사람들에게 물을 판매하도록 민간기업에게 이
권리를 매도한다. 정부는 공공적 신뢰에 기초하지 않고 독단
적으로 물의 사용을 결정하므로 민주주의를 약화시키고 타락
시킨다.

 민영화는 물의 소유권을 확립해 물에 가치를 부여하고 물의 사용에 적절한 규제를 가하도록 도움을 준다.

 물은 사적 재산이 아닌 공공 재산이다. 어떤 다른 자원보다 물은 공유재로 남아 있어야 하며 사회가 공공적으로 관리해야 할 필요가 있다. 대부분의 사회에서 물의 사유화는 금지되어 있다. "유스티니아누스 법전(Institute of Justinian)"을 비롯한 여러 고대 문서에는 물과 천연자원이 공공재라는 사실을 보여준다.

"자연법에 따라 이와 같은 물질은 인간에게 공통으로 속한다. 여기에는 공기, 흐르는 물, 바다, 그리고 해변이 있다."

인도와 같은 나라에서 우주, 공기, 물과 에너지는 전통적으로 사적 재산권의 영역 밖에 속한다고 간주되어 왔다. 이슬람교의 성법인 샤리아(Sharia)의 어원은 '물로 가는 길'이고, 이 이슬람 전통은 물에 대한 권리를 가장 중요한 기본권으로 간주한다.

사적 재산권은 시장에 의한 규제를 창출하며 '힘이 정의'라는 힘에 기초한 경제적 논리를 만들어 낸다. 이런 논리는 환경과 사회의 규제 완화로 이어지고 지속가능하지 않은 사용과 불공정한 분배를 조장한다.

중국 댐건설 현장으로 들어가는 문을 지키는 경비

아랄 해 지역의 새로 시굴한 우물에서 물을 긷는 소녀들

**거짓 6** 물은 인간의 권리가 아니라 인간의 욕구일 뿐이다.

**진실**

전통적으로 물은 자연적 권리로 간주되어 왔다. 즉 물에 대한 권리는 자연, 역사적 조건, 기본적 욕구 또는 물을 공평하게 사용해야 한다는 관념에서 생겨난다. 자연적 권리로서 물에 대한 권리는 인간이 처한 상태에서 유래하지 않고 인간 존재의 주어진 생태적 환경에서 생겨난다.

자연적 권리로서 물에 대한 권리는 사용권이다. 다시 말해서, 물을 소유하지 않아도 이를 사용할 수 있다. 사람들은 자신의 생명을 지속시킬 권리가 있고 생명을 지속시키기 위해 물을 포함한 다른 자원을 사용할 권리를 지닌다. 이런 이유로 정부나 기업은 물에 대한 인간의 권리를 제한하거나 빼앗을 수 없다. 물에 대한 권리는 자연과 인간의 존재에서 생겨난다. 그리고 물은 자연의 법칙을 따르며 시장의 법칙을 따르지는 않는다.

**반다나 시바**

_ 「물 전쟁(Water Wars)」의 저자이며 물에 관한 많은 논문을 썼다. 그녀는 '과학과 기술, 천연자원 정책에 관한 연구재단(The Research Foundation for Science, Technology and Natural Resource Policy)' 의 소장이며 '제3세계 네트워크(Third World Network)' 의 환경 자문역을 맡고 있다.

 물을 마시지 말라

밥 포스버그(Bob Forsberg) • 사킬 파이줄라(Sakil Faizullah)

방글라데시는 오랫동안 홍수와 기근, 그리고 질병에 시달려 왔다. 하지만 이제 이 나라는 역사상 그 유래를 찾아보기 힘들 정도로 많은 국민이 비소에 중독되어 고통 받고 있다. 세계보건기구(WHO)에 따르면 방글라데시 국민 중 8천여 만 명이 비소에 중독되어 있다

한 전문가는 체르노빌(Chernobyl) 재앙을 만들어 낸 상황은 마치 "일요일에 학교에서 사고가 일어난 것"과 같다고 말했다. 하지만 방글라데시에서 일어난 비극은 테러리스트의 소행도 아니고 체르노빌처럼 사고로 인한 산업 재앙도 아니다. 이 비극은 방글라데시 사람들에게 신선한 물을 공급하려 했지만 의도와 달리 매우 잘못된 방향으로 진행된 조치의 결과이다.

방글라데시는 세계에서 수인성 질병이 가장 많이 발생하는 국가이다. 1990년대 초반에 이 문제와 싸우기 위해 정부는 국민에게 불결한 지표수보다 청결한 지하수를 마시도록 권장했다. 하지만 당시에 정부는 이 지하수에 유엔의 최대 허용치보다 다섯 배나 많은 비소

홍수로 주위가 모두 물로 가득 찬 지역에서 여성들이 물을 긷고 있는 모습

가 포함되어 있는 것을 알지 못했다.

비소는 피부에 영향을 미쳐 흑피증, 각질, 부스럼과 딱지, 사마귀, 궤양을 일으키고, 이런 증상들은 결국 괴저와 피부암으로 이어진다. 비소는 대부분의 신체 기관을 공격하고 장기에 암과 만성적인 질병을 일으킨다는 연구 결과가 많다.

심각한 수질 오염 때문에 많은 방글라데시인이 죽어 가고 있다. 그러나 병이 겉으로 드러나기까지는 상당한 시간이 걸리기 때문에 의사들은 10년 후에는 수질 오염이 아프리카에서 에이즈(AIDS)가 미친 것보다 심각한 영향을 미칠 것이라고 경고한다.

치타공(Chittagong)에서 북쪽으로 16킬로미터 떨어진 달리파라(Dalipara)라는 마을에서 주부이자 어머니인 라일라 베굼(Laila Begum)은 펌프로 지하수를 끌어올려 사용한다. 최근까지 그녀는 이 물을 마셔 왔다. 그러나 피부 여기저기에 검은 부스럼이 나타나기 시작해 지하수 마시는 것을 중단했다. 이 검은 부스럼은 비소 중독의 첫 번째 징후였다.

"10년 전에 정부는 지표수보다 훨씬 깨끗하다는 이유로 지하수 사용을 권장했어요."라고 그녀는 말한다. "심지어 정부는 우물을 파 주고 펌프를 제공하기도 했지요. 그때는 누구도 비소 중독의 위험성을 몰랐지요. 내 피부가 검게 변하고 얼굴에 부스럼이 생겨 의사를 찾아가서야 원인을 알게 된 거죠. 의사는 비소 중독으로 사망할 수도 있다고 내게 알려줬어요."

이제 라일라와 그녀의 어린 자식들은 인근 연못에서 물을 퍼와 사용하고 있지만, 이 물도 콜레라나 더 심각한 다른 병균이 숨어 있을 위험이 높다. 그러나 적어도 이 물에는 비소가 녹아 있지는 않다. 그리고 그녀는 비소 중독으로 쇠약해졌지만 생계를 위해 일할 수밖에 없는 처지다.

런던의 고등법원에서 한 소송이 시작되었다. 이 소송은 한 영국 기관이 방글라데시에서 제대로 비소 검사를 수행했는지 아니면 기초적인 의무도 수행하지 않아서 문제를 일으켰는지 그 여부를 가리기 위한 것이었다. 1992년, 방글라데시 정부의 의뢰를 받고 조사활동을 벌인 영국 지질조사(British Geological Survey)는 비소 함유 여부를 검사하지 않고도 지하수가 청결하다는 판정을 내린 죄로 기소당했다. 일부 지역에선 유엔의 최고 허용치보다 50배나 높은 비소가 검출되었는데 BGS는 보고서 작성 당시에는 비소 중독의 지리적 원천에 대해 거의 알려지지 않았다고 변명했다.

재판이 진행되는 동안 구호단체와 비정부기관은 방글라데시 마을에 깨끗한 물을 공급하려고 노력했다. 대부분 비소 함유량을 줄이기 위한 노력으로 정수 필터를 제공하고 빗물을 재활용했다. 펌프에 빨간색이나 푸른색 페인트를 칠해 물의 오염 여부를 알렸다. 그리고 마실 물로 사용할 수 있다고 판정되어도 세탁과 목욕에만 지하수를 사용하도록 했다.

밥 포스버그 · 사킬 파이줄라

_ 라디오 네덜란드(Radio Netherlands)에서 보도한 방송을 토대로 작성

# 물은
## 어디서 오는가?

· · ·

물은 폐쇄적 시스템이다.
현재 존재하는 모든 물은
지구가 생성되었을 때부터 존재했다.
2억 5천만 년 전에 공룡이 마셨던 물은
여러분이 오후에 차 한 잔을 마시려고
끓이는 물과 똑같을지도 모른다.
유해물질 배출로 인해 오염된 하천은
10년 후, 여러분이 자녀의 이유식을
만들 때 사용될 수도 있다.

응축

강우

증발

축적

말레이시아 쿠알라룸푸르(Kuala Lumpur)의 빈민가를 흐르는 오염된 하천

하수는 도시의 양심이다.

_ 빅토르 위고(Victor Hugo)

TROPIC OF CANCER
(23.27¡)

EQUATOR

TROPIC OF CAPRICORN
(23.27¡)

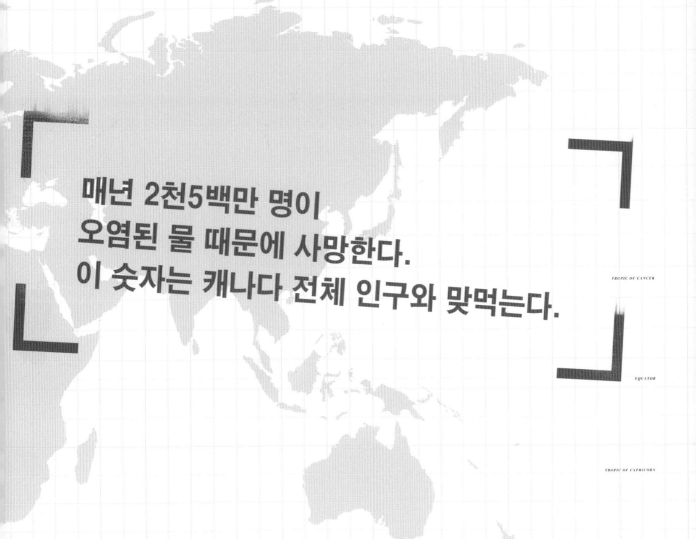

매년 2천5백만 명이
오염된 물 때문에 사망한다.
이 숫자는 캐나다 전체 인구와 맞먹는다.

TROPIC OF CANCER

EQUATOR

TROPIC OF CAPRICORN

# 코카콜라의 범법 행위

인도자원센터(Indian Resource Center)의 아미트 스리바스타바(Amit Srivastava)

인도의 코카콜라 공장 근처 마을에 있는 우물이 말라가고 있다. 일부 지역에서는 물 한 잔보다 코카콜라를 구하는 것이 쉽다.

인도 의회는 2003년 인도에서 판매되는 콜라에서 매우 높은 DDT와 말라티온(Malathion), 클로르피리파스(Chlorpyrifos) 같은 살충제와 제초제 성분이 발견되자 자국의 카페에서 코카콜라와 펩시콜라의 판매를 금지했다. 일부 샘플에서는 유럽연합(European Union)에서 허용하는 기준치의 30배가 넘는 유독물질이 발견되었다. 하지만 이 사례는 두 거대 콜라 기업이 인도에서 저지른 많은 범법 행위

> 코카콜라는 2만 명의 인도인이 사용할 물을 하루에 쓰고 있다.

중 일부에 불과하다. 예를 들어, 이 두 기업은 히말라야 산 암벽에 광고판을 설치하고 낙서에 가까운 홍보 문구를 새겨 호된 비판을 받았다. 인도 대법원은 소중한 자연경관을 훼손한 이 두 기업을 '문화 파괴자'로 규정하며 벌금을 선고했다.

코카콜라의 위법행위는 세계무역기구(World Trade Organization)와 다국적 기업이 개발도상국가의 농촌 지역을 어떠한 방식으로 볼모로 잡고 있는가를 보여주는 전형적인 사례이다. 세계무역기구와 다국적 기업은 가장 소중한 자원인 물을 상업화하는 데 혈안이 되어있으며, 그런 행동에 아무런 부끄러움을 느끼지 못하고 있다.

코카콜라 공장 인근의 지역사회는 심각한 물 부족에 직면해 있다. 이는 코카콜라가 인근 주민이 사용할 지하수 대부분을 끌어들여 사용하기 때문이다. 설상가상으로 그나마 남아 있는 수자원도 공장 폐수로 오염되거나 지하수를 가두고 있는 대수층(지하수를 간직한 지층-역주)에 파이프를 지나치게 박아 넣은 결과, 광물질이 물에 녹아들어 사용할 수 없게 되었다. 인근 마을 주민들은 물에서 고약한 냄새가 나고 물을 마시면 복통과 피부 발진이 일어난다고 말한다. 이 마을에 있는 공중보건센터의 의료담당 관리는 코카콜라 공장 인근의 3개 우물이 오염되었기 때문에 주민들은 이 물을 마시지 말아야 한다고 경고했다.

현재 이 지역에서 물을 훔쳐 온 코카콜라는 마치 '호의'를 베푼다는 식의 행동(또는 범법행위의 인정)으로 지역 주민에게 온갖 생색을 내며 급수차를 보내고 있다.

코카콜라 제품의 가장 중요한 원재료인 물은 코카콜라의 목적만을 위해 부당하게 이용되어서는 안 된다. 케랄라(Kerala)에서 코카콜라는 2만 명의 인도인이 사용할 물을 하루에 소비하고 있지만 코카콜라 공장 인근의 마을에 있는 우물은 말라가고 있어 사람의 기본적 욕구 충족에 필요한 물도 공급하지 못한다. 인도 전역에서 코카콜라 공장 근처에 있는 적어도 5개 마을은 비슷한 문제를 겪고 있고, 많은 사람들이 물 오염으로 병을 앓고 있다. 이들 지역은 대부분 가난한 농촌 지역으로 수천 명이 고통을 받고 있다.

상황이 계속 나빠지자 코카콜라는 또 다른 화해의 몸짓으로 케랄라 공장에서 나온 유해한 침전물을 인근 농부에게 비료라며 공짜로 나눠 주었다. 영국의 BBC 방송이 주관해 실시한 검사에 따르면 코카콜라가 비료라며 농부에게 나눠 준 끈적끈적한 물질에는 다량의 납과 카드뮴이 포함되어 있었다.

코카콜라는 지역 활동가와 시위대를 '극소수에 불과한 극단주의자'라고 규정하며, 지역사회의 물 부족은 가뭄 때문이라고 주장했다. 하지만 수천 명의 주민은 인도 전역에 있는 코카콜라 공장 앞에서 시위를 계속했다.

코카콜라와 그 대리인들(경찰 포함)은 시위대를 폭력적으로 다루었다. 2003년 9월 11일, 우타르 프라데쉬(Uttar Pradesh)의 메디간즈(Mehdiganj)에서 무장한 경비인력이 평화로운 시위를 하던 1천 명이 넘는 사람들을 공격해 일부 시민들이 심각한 부상을 입었다. 코카콜라는 시위대가 폭도이고 불법적인 행동을 하고 있다며 비난했다. 2003년 8월 30일에 13명의 활동가가 평화로운 시위를 하던 중 체포당했고, 이 운동의 지도자는 경찰에게 심한 구타를 당했다.

> 수천 명의 주민은 인도 전역에 있는 코카콜라 공장 앞에서 시위를 계속했다.

코카콜라와 같은 대규모 다국적 기업이 저지른 뻔뻔스런 불법 행동은 경제적 세계화의 문제를 부각시키는 것이다. 지역사회는 더 이상 천연자원에 대한 통제권을 보유하고 있거나 그들의 삶에 직접 영향을 미치는 개발정책에 영향을 미칠 수 없다.

코카콜라의 책임성을 규명하려는 싸움은 계속되고 있다. 케랄라에서 벌어진 투쟁은 점점 커지고 있으며, 2002년 4월 22일 이후로 하루도 빼놓지 않고 24시간 코카콜라 공장 앞에서 시위를 벌이고 있다. 케랄라와 마찬가지로 마하라쉬트라(Maharashtra), 우타르 프라데쉬, 라자스탄(Rajasthan), 그리고 타밀 나두(Tamil Nadu)와 같은 인도 지역의 공동체는 지하수에 관한 공동체의 권리를 적극적으로 주장하기 시작했다.

때때로 지역 주민이 승리를 거두는 경우도 있다. 케랄라에서 팬차야트(panchayat, 인도의 지역정부)는 코카콜라에게 부여했던 영업권을 취소했고, 2003년 12월에 케랄라 고등법원은 코카콜라에게 공장에서 사용할 물을 지하수가 아닌 다른 곳에서 찾으라는 명령을 내렸다.

아마트 스리바스타바

_ 국제저항(Global Resistance) 프로젝트의 일환으로 인도자원센터(Indian Resource Center)를 운영

물은 현명한
사람을 위한
유일한
음료수이다.

_ 헨리 데이비드 소로(Henry David Thoreau)

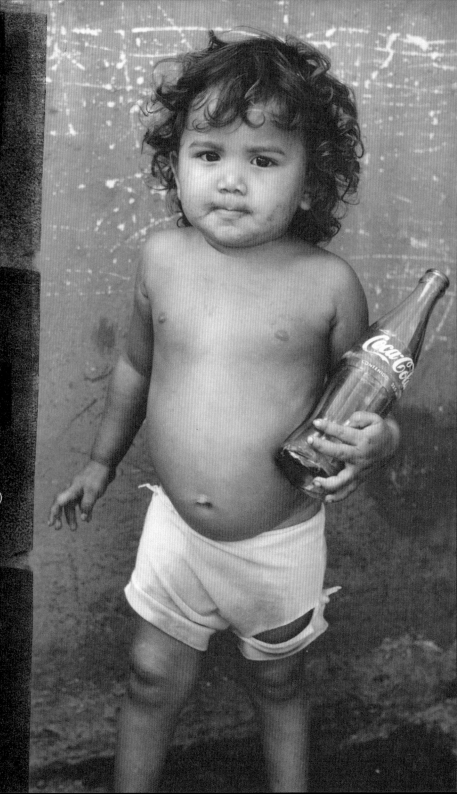

전 세계적으로 깨끗한 가정 물의 부족으로 고통 받는 사람이 **14억 명**이나 된다고 추정된다.

**24억 명**이 청결한 상하수도 시스템이 미비한 생활환경에서 거주하고 있으며, 대부분 아프리카와 아시아에 살고 있다.

**2020년**이 되면 국제적으로 물의 사용량은 **40% 증가**할 것으로 예측된다.

**2015년**까지 가난한 사람들이 생활에 필요한 물을 얻게 하는 데 **300억 달러**의 비용이 소요될 것으로 예상된다.

자료: 유엔환경계획기구(United Nations Environment Programme)가 발간한 「지구환경전망 3 (Geo-Global Enviornment 3, Past, Present and Future Perspectives)」

태국 공중보건부는 소나기가 시작된 후 한 시간 정도 기다렸다가 집우기가 비를 모으기 시작해야 한다고 말한다. 그 이유는 산업지역에 내리는 비는 토마토 주스만큼이나 산도가 높기 때문이다.

**W**ater은 날카롭기도 하고 강하기도 하다. 신맛이 나고 쓰기도, 달기도 하다. 그리고 경우에 따라 맑기도 하고 탁하기도 하다. 물은 해를 끼치고 역병을 일으키고 건강을 해치며 독성을 지니기도 한다. 다른 자연과 마찬가지로 물은 변화를 겪고 여러 곳을 옮겨 다닌다. 물은 장소의 속성에 따라 악취가 나고, 설사를 일으키기도 하며, 떫은맛이나 짠맛이 나고 유황의 냄새가 나기도 한다. 그리고 애처로운 분노를 표현하는 듯 연분홍색을 띠기도 하고 빨간색, 노란색, 푸른색, 검정색, 파란색을 띠기도 한다. 또한 끈적거릴 때도 있고 무겁거나 가볍기도 하다. 물은 큰 화재를 일으키기도 하고 불을 끄기도 한다. 물은 따뜻할 때도 있고 차가울 때도 있다. 물은 흘러가기도, 한 곳에 머물기도, 아래로 떨어지기도, 여러 곳의 물이 하나로 합쳐져 위세가 강해지기도 또는 갈라져 약해지기도 한다. 물은 채우기도 비우기도 하고, 소용돌이치며 흘러가기도 한다. 그리고 빠르게도 흐르지만 천천히 흘러가기도 한다. 물은 생명과 죽음, 풍요와 빈곤의 원인이며, 자양분을 주기도, 그 반대 행동을 하기도 한다. 물은 향이 나기도 하고 없기도 하며 큰 홍수로 계곡을 삼켜버리기도 한다. 시간이 흘러가면서 물은 모든 것을 변화시킨다.

레오나르도 다빈치 · Leonardo da Vinci

# 생수에 관한 거짓말

모드 발로(Maude Barlow) · 토니 클라크(Tony Clarke)

물 관련 산업은 세상에서 가장 빠르게 성장하면서도 규제가 거의 없는 분야이다. 이제 몇몇 대규모 음료 회사는 460억 달러의 규모를 지닌 병입된 생수 시장에 진입하고 있다.

1970년대, 전 세계에서 거래되는 병입(병에 담은) 생수 시장의 규모는 10억 리터 정도였다. 그러나 2000년이 되자 병입 생수의 판매 규모는 기하급수적으로 증가해 840억 리터에 달했고, 생산량의 25%는 생산국이 아닌 다른 국가에서 거래되고 소비되었다. 게다가 병입 생수는 우리 생활에서 발견할 수 있는 가장 큰 사기 행위로 동일한 양의 수돗물이 생산되는 평균 비용보다 1,100배 비싸게 팔리고 있다.

네슬레(Nestle)는 병입 생수 시장에서 선도 기업으로, 페리어(Perrier), 비텔(Vittel), 산 펠레그리노(San Pellegrino) 등 77개 상표로 생수를 판매한다. 비텔의 전임 회장은 "정말 매력적인 사업 기회였습니다. 우리가 한 일이라고는 지하수를 끌어다가 병에 담아 와인, 우유,

필리핀에서 재활용을 위해 수집된 생수병 사이를 뒤지는 어린이들

석유보다 비싼 가격에 판 것뿐입니다."라고 말했다.

병입 생수는 서구 소비자의 기호를 충족시키기 위해 출발했지만 네슬레는 깨끗한 수돗물이 드물거나 존재하지 않는 후진국에서 생수 시장이 틈새시장으로서 그 가능성이 커지고 있다고 판단했다. 많은 개발도상국가에서 네슬레는 자회사인 네슬레 퓨어 라이프(Nestle Pure Life)를 통해 낮은 가격으로 정화한 수돗물에 미네랄을 첨가해 판매했다. 이 회사는 전 세계적으로 '기본적으로 위생적인' 이라는 슬로건을 내세워 판촉활동을 벌였다.

> 정말 매력적인 사업 기회였습니다. 우리가 한 일이라고는 지하수를 끌어다가 병에 담아 와인, 우유, 석유보다 비싼 가격에 판 것뿐입니다.
>
> _ 페리어의 경영진

2000년도 병입 생수의 전 세계 판매량은 220억 달러로 추정된다. 그러나 2003년에는 병입 생수 산업의 총 판매량이 460억 달러로 늘어났다. 네슬레 이외에도 코카콜라, 펩시콜라, 피앤지(P&G), 다농(Danone) 등 여러 식음료 산업의 대기업들이 병입 생수 시장에 뛰어들었다. 펩시콜라의 아쿠아피나(Aquafina)라는 생수 브랜드는 코카콜라(북미지역

> 병입 생수는 수돗물보다 결코 안전하지 않으며, 어떤 경우에는 그 안전성이 수돗물보다 떨어진다.

의 다사니(Dasani) 브랜드와 그 이외 국가의 본 아쿠아(Bon Aqua)라는 브랜드)의 추격을 받으며 시

장을 선도하고 있다. 두 거대 콜라 회사는 수돗물에 미네랄을 섞어 병에 넣은 후 판매한다.

생수 회사들이 소비자에게 광고하는 '순수 광천수' 라는 시장 이미지와 달리, 병입 생수는 수돗물보다 결코 안전하지 않으며, 어떤 경우에는 그 안전성이 수돗물보다 떨어진다. 1999년, 미국에 본부를 둔 천연자원보호위원회(NRDS, Natural Resources Defense Council)의 조사 결과에 따르면, 103개 병입 생수 브랜드 중 3분의 1에서 비소나 대장균이 다량 검출되었고, 모든 병입 생수 중 4분의 1은 정수나 아무런 가공도 하지 않은 채 그냥 수돗물을 받아 병에 넣어 생수로 판매한 것으로 드러났다. 많은 국가에서 병입 생수 그 자체는 그리 엄격한 검사 과정을 거치지 않고, 오히려 수돗물보다 청결 기준이 낮다. NRDS는 "'광천수' 라고 알려진 한 브랜드는 유해한 폐기물이 근처에 있고 식품의약품안정청(FDA)의 허용 기준치보다 높은 화학적 산업 폐기물로 오염된 공장 지대의 한 우물에서 물을 가져다 그냥 병에 담은 것으로 드러났다." 고 보고했다.

짐바브웨의 한 생수 회사에서는 병입 생수가 음용자들의 생식능력에 영향을 미칠 수도 있다는 사실을 알려야 한다고 주장한다.

병입 생수가 수돗물보다 환경 친화적이고 위생적이라는 광고 또한 진실을 왜곡한다. 유엔식량농업기구(FAO, United Nations Food and Agricultural Organization)가 1997년에 발간한 '개발도상국가 국민영양상태(Human Nutrition in the Developing World)' 라는 보고서에 따르면, 영양 측면에서 병입 생수는 결코 수돗물보다 낮지 않다. 병입된 '광천수' 또는 '천연수' 가 놀라운 영양소를 포함하고 있다는 것은 '잘못' 된 정보이다. 이 보고서는 "병입된 생수는 칼슘, 마그네슘과 불소와 같은 소량의 미네랄을 포함할 수 있지만 많은 도시에서 공급하는 수돗물에도 이 정도의 미네랄이 포함되어 있다."고 밝히고 있다. 또한 "유명한 병입 생수 브랜드를 비교했을 때 이들 브랜드의 생수가 뉴욕 시의 수돗물보다 뛰어나다고 말할 수 없다."라고 지적한다.

북미 지역에서 판매되는 병입 생수는 플라스틱 병에 담겨 판매되므로 또 다른 환경문제를 낳는다. 세계야생동물보호기금(WWF, World Wildlife Fund)이 2001년 5월에 발표한 연구에 따르면, 병입 생수 산업은 매년 150만 통의 플라스틱을 사용하고, 이 플라스틱 병은 제조와 폐기 과정에서 대기 중으로 유해가스를 배출한다. 게다가 생산된 병입 생수의 4분의 1은 해외로 수출되거나 원거리로 수송되어 판매되기 때문에, 수송 수단에 의해 이산화탄소가 배출된다. WWF의 보고서는 병입 생수의 수송이 지구 온난화 문제를 악화시키는 요소라고 주장한다.

> '광천수' 라고 알려진 한 브랜드는 근처에 유해한 폐기물이 가득하고, 화학적 산업 폐기물로 오염된 공장 지대의 한 우물에서 물을 가져다 그냥 병에 담은 것으로 드러났다.

지구의 생명, 물의 위기

상황은 더 악화되어, 안전한 물을 원하는 소비자가 증가하자 이를 기회로 삼아 더 큰 이익을 보려는 생수 회사가 생겨나 해로운 영향을 더 많이 끼치고 있다. 지구촌 곳곳의 농촌 지역(그리고 미국과 캐나다의 일부 도시 지역)에서 생수 산업은 우물을 파기 위해 토지를 매입한 뒤 물을 모두 빼내고 더 이상 사용가치가 없게 된 우물은 그대로 방치하고 있다. 우루과이를 비롯한 라틴 아메리카에서 외국 생수 회사는 거대한 황무지를 매입하거나 앞으로 활용 가치를 생각해 나라 전체의 상수도 시스템까지 사들인다. 몇몇 경우에는 해당 지역 전체에 물을 공급하는 대수층에서 무작위로 물을 끌어올려 주변 우물을 고갈시키고 있다.

생수 회사들은 일반적으로 호수, 강, 하천에서 끌어올린 물에 대한 비용을 지불하지 않는다. 예를 들어, 캐나다에서 지난 10년 동안 생수 산업이 뽑아 올린 물의 양은 50%나 증가했고, 이들 생수 회사는 캐나다 국민 한 사람당 1천 리터씩 쓸 수 있는 양인 300억 리터의 물을 사용할 법적 권리를 지니고 있다. 캐나다에서 생산된 병입 생수의 약 50%는 미국으로 수출된다. 로열티를 지불해야 하는 석유 산업과 정부에 벌채권에 대한 대가를 지불해야 하는 목재 산업과 달리, 생수 산업은 캐나다 대부분의 지역에서 물을 뽑아 올려 사용해도 따로 비용을 지불할 필요가 없다.

국가별 경제력의 차이에 따라 생수 회사들은 마케팅 전략을 크게 달리한다. 미국 자연자원보호협의회인 NRDC가 1999년에 실시한 연구에 따르면 실제로 일부 국가에서 병입된 생수는 수돗물보다 갤런당 최대 1만 배나 비싸게 팔리고 있다. 이렇게 '고급스런' 소비자에게 제공되는 생수 한 병이면 어떤 사람의 가정에 1천 갤런의 수돗물을 공급할 수 있다고 미국수도연합회(American Water Works Association)의 관계자는 말한다.

**모드 발로**(캐나다 위원회 의장) · **토니 클라크**(폴라리스 인스티튜트 소장)
_ 17개국에서 출판된 「푸른 황금, 세계 도처에서 물을 훔치는 기업과의 전쟁
(Blue Gold, The Battle Against the Corporate Theft of the World's Water)」의 공저자

## 무엇을 어떻게 해야 하는가?

병입 생수가 지속적으로 수돗물을 대체할 대상이 되어서는 안 된다. 생수는 자연환경을 오염시키고 에너지 측면에서도 비효율적이다. 하지만 모든 국가가 깨끗한 수돗물을 공급하고 있지는 않다. 깨끗한 물은 기본적인 권리이다. 강과 하천, 습지를 보호하는 것은 수돗물이 공공 서비스 영역에 남아 모든 사람에게 적당한 가격으로 양질의 마실 물을 공급하는 데 도움이 될 것이다.

소비자로서 여러분은 책임 있는 선택을 해야 하고 아래의 세 가지 사항을 잊어서는 안 된다.

1. 물 소비를 줄이라.
2. 생수병을 한 번 사용으로 그치지 말고 다시 물을 담아 이용하라.
3. 생수병을 더 이상 다시 사용할 수 없을 때 분리수거를 통해 재활용하라.

유네스코(UNESCO)

**서부 유럽:**
**85리터/46%**

**북미:**
**25리터/20%**

**태평양:**
**19리터/11%**

**동부 유럽:**
**15리터/8%**

**라틴 아메리카:**
**12리터/7%**

**북부 아프리카, 근동:**
**19리터/6%**

**아시아:**
**3리터/2%**

**아프리카:**
**2리터/0%**

# 세계 병입 생수 소비 현황

### (1인당 연간 소비량/비율)

한 잔의 오렌지 주스를 생산하기 위해
50잔의 물이 필요하다.

영국에서 매년
발생하는
식중독 사고 중
12%는
병입 생수
때문이다.

미국에서 한 시간마다

**25만** 개의

빈 플라스틱 생수병이 생겨난다.

재활용되지 않는다면

생수병 하나가 분해되는 데

**500** 년이 걸린다.

신뢰할 만한 연구기관의 보고에 따르면 쇠고기 1파운드를 생산하기 위해서 2천5백 갤런의 물이 필요하다고 한다.

『뉴스위크(Newsweek)』는 이 사실을

" 몸무게가 1천 파운드인 황소 한 마리를 키울 물이면 구축함을 띄울 수 있다."라고 표현했다.

생명의 순환은 물의 순환과 밀접하게 연결되어 있다. - 자크 쿠스토(Jacques Cousteau)

 꿈의 강

로버트 F. 케네디 주니어(Robert F. Kennedy Jr.)

1966년, 허드슨 강(Hudson River)은 국가적으로 아무런 중요성도 없는 강이었고 지엠(GM) 공장에서 무슨 색깔의 트럭을 도색하느냐에 따라 강물 색깔이 바뀌었다. 이제 이 강은 생태계 보호의 모델이 되었다.

환경보호론자는 새나 물고기를 위해서 그들을 보호하는 것이 아니라 새나 물고기를 포함한 자연이 인간을 풍요롭게 하기 때문에 환경을 보호해야 한다고 말한다. 환경보호론은 자연 시스템의 기반을 보호해야 한다는 사실을 인식하는 것을 말하며, 자연 시스템은 인간이 자연을 인식하게 만들고 인간의 역사를 다시 일깨워 준다.

내가 속해 있는 단체는 '환경주의자'라는 명칭을 결코 사용하지 않을 사람들이 설립한 곳이다. 그들은 지역사회를 위해 싸웠다. '리버키퍼(Riverkeeper)'는 1966년에 고기잡이를 업으로 삼고 있거나 취미로 삼고 있는 노동자들이 강을 오염에서 보호하자는 취지에서 서로 연대해 운동을 벌이면서 시작되었다.

1952년에 발생한 쿠야호가(Cuyahoga) 강 화재

> **"우리는 점점 더 깊은 나락으로 떨어지고 있다."**
>
> _ 마크 드 빌리애르(Marq De Villiers)

상업적 수산업을 생계로 삼는 마을 중 하나는 허드슨 강 동쪽에 자리 잡은 크로톤빌(Crotonville)이란 작은 마을로 뉴욕 시에서 50여 킬로미터 떨어져 있다. 1966년에 이곳 사람들은 로키산맥이나 몬태나처럼 주거지에서 멀리 떨어진 자연을 보호하자는 전형적인 환경주의자들과는 달랐다. 그들은 공장 노동자이고, 목수이며, 전기공이었으며 주민의 반 정도는 허드슨 강에서 게를 잡거나 고기를 잡는 어부였다. 그들에게 허드슨 강이라는 자연환경은 생업의 현장이고 목욕이나 수영을 하며 하루의 피로를 푸는 장소였다. 리버키퍼(당시에는 허드슨 강 어부연합이라고 불렸다)의 초대 회장이었던 리치 가렛(Richie Garett)은 "허드슨 강은 우리의 피서지이며 놀이터이다."라고 말했다.

1964년, 펜 센트럴 철도(Penn Central Railroad)에 기름이 유출되기 시작했다. 그것은 크로톤 하먼(Croton Harmen) 철도 야적장에 있는 파이프에서 쏟아져 나온 것이었다. 기름은 조수를 타고 상류로 흘러 들어가 강변을 검게 물들였고 강 전역에서 디젤 기름 냄새가 진동했다. 강이 오염되자, 이 도시의 풀턴(Fulton) 어시장에서는 생선을 팔 수 없게 되었다. 이에 크론톤빌 주민 300명은 마을회관에 모여 연합회를 구성하기로 했다. 그들은 통제할 수 없이 밀려오는 대기업 때문에 조상 대대로 생업으로 삼아 왔던 어업과 깨끗한 허드슨 강물이 파괴당하고 있다는 데 위기감을 느끼고 이에 저항할 필요성을 느꼈던 것이다.

허드슨 강 보호운동의 창립위원, 이사회 구성원 및 간부는 모두 전직 해병대 출신으로 제2차 세계대전과 한국전쟁에 참가한 군인들이었다. 이들은 급진주의자도, 민병대도 아니었다. 다만 자신들의 터전과 국토를 사랑하는 국민일 뿐이었다.

그들은 오염으로부터 미국 국토를 수호할 책임이 있다고 생각한 정부기관에 호소했지만 성의 있는 답변이나 조치를 얻지 못했다. 1966년 3월의 어느 날 저녁, 모든 크론톤빌 주민은 정부가 오염의 주범들과 공모하고 있고 강의 권리를 되찾는 유일한 방법은 오염 주범과 직접 맞서는 것이라는 결론을 내렸다. 사람들은 기름이 새는 곳에 불을 질

> 우리는 이들에게 학기 초부터 각자 4개의 오염 기업을 적발해 소송을 제기하라는 임무를 부여했다.

러 폭파시켜 버리거나 하루에 1백만 마리의 물고기를 죽어가게 하는 인디언 포인트(Indian Point) 발전소의 입구로 다이너마이트를 실은 뗏목을 보내자고 제안했다.

밥 보일(Bob Boyle)은 『스포츠 일러스트레이티드(Sports Illustrated)』의 스포츠 담당 기자였고 한국전에 참전한 경험이 있었다. 2년 전에 그는 허드슨 강의 낚시에 관한 기사를 썼고, 이 기사를 쓰려고 조사활동을 벌이면서 1888년에 제정된 '강과 항구에 관한 법률'을 알게 되었다. 이 법에 따르면, 어떠한 이유든 상관없이 수로를 오염시키는 행위는 불법이었다. 또한 오염의 주범을 신고한 사람에게는 벌금의 반을 보상금으로 지급한다는 규정이 있었다. 그는 이 법령 사본을 『타임(Time)』 소속 변호사에게 보내 지금도 유효한지 물었다. 변호사는 80년 동안 적용된 적이 없지만 여전히 유효한 법령이라고 말했다. 그날 저녁에 마을 사람들이 무력행사에 관해 논의하고 있을 때, 보일은 법령 사본을 사람들에게 보여주며 말했다.

"우리는 법을 어기는 행동에 관해 논의해서는 안 됩니다. 우리는 법을 제대로 적용해야

합니다."

이에 그들은 어부연합회를 결성하고 허드슨 강을 오염시키는 모든 기업에 소송을 제기하기로 결정했다.

18개월 후, 그들은 이 법이 제정된 이후 처음으로 보상금을 수령한 주인공들이 되었다. 그들은 펜 센트럴의 파이프라인을 폐쇄했고, 당시에는 매우 큰돈이었던 2천 달러를 보상금으로 받았다. 2주 동안 그들은 승리를 축하하는 행사를 개최했고, 남은 돈으로 오염을 유발한 기업들과 이를 방치한 미국 정부기관을 상대로 소송을 제기했다. 그리고 1973년, 그들은 역사상 유래가 없는 많은 액수의 보상금을 수령했다. 아나콘다와이어앤드케이블(Anaconda Wire and Cable)은 뉴욕 주 해스팅스(Hastings)에서 유해물질을 방출했다는 이유로 20만 달러의 보상금을 지급했다. 주민들은 이 보상금으로 '파수꾼호'라는 이름의 선박을 건조했고, 이 배는 현재까지도 강을 돌며 순시 활동을 벌이고 있다. 1983년, 주민들은 존 크로닌(John Cronin)이라는 전직 어부를 허드슨 강의 전문 '파수꾼'으로 고용했고, 그는 1년 후 나를 소송 대리인으로 지명했다.

뉴욕에 있는 페이스 법과대학에서 우리는 소송 상담소를 운영하기 시작했는데 법원의 특별 허가로 3학년 법대생 10명이 우리의 감독 아래서 소송 대리인의 역할을 했다. 우리는 이들에게 학기 초부터 각자 4개의 오염 기업을 적발해 소송을 제기하라는 임무를 부여했다. 소송에서 승리하지 못하면 해당 학점을 이수 받지 못하도록 되어 있었다. 우리는 허드슨 강을 오염시키는 기업을 상대로 300건의 소송에서 승리했고, 이들 기업은 강의 회복을 위해 20억 달러 이상을 써야 했다.

오늘날 허드슨 강은 생태계 보존의 국제적 모델이 되어 있다. 그러나 1966년에는 국가의 아무런 규제 없이 누구나 하수를 방출하는 강이었고, 태리타운(Tarrytown)에 있는 지엠

(GM) 공장에서 무슨 색깔의 트럭을 도색 하느냐에 따라 강물 색깔이 바뀌는 곳이었다. 허드슨 강이 이렇게 놀라운 회복을 보이자 많은 활동가는 허드슨 강을 모델삼아 북미 지역의 하천을 지키고 있다. 이들은 각자 강에 감시선과 상임 파수꾼을 배치하고 소송에 대비해 변호사를 지명하고 오염 물질을 배출하는 기업과 싸우고 있다.

우리는 기억해야 한다. 쿠야호가 강은 일주일 동안 불탔고 누구도 그 화재를 진압하지 못했다. 이리 호(Lake Erie, 미국 동부에 있는 5대호 중 하나-역주)는 생명을 다했고, 포토맥 강, 허드슨 강, 찰스 강 상류에서는 더 이상 수영을 할 수 없다. 1년 중 며칠은 스모그 때문에 앞이 보이지 않을 지경이 되었다. 해마다 스모그로 인한 교통사고로 수천 명의 미국인이 목숨을 잃는다. 그러나 의회의 젊은 하원의원들은 이 모든 것들에 무심하다. 그들은 단지 환경 규제 법안에 따라 발생할 비용만 생각한다. 소중한 환경 자원에 투자해 우리가 얻게 될 이득에는 아무런 관심이 없다.

정부는 우리에게 경제적 번영과 환경보호 중 하나를 선택하라고 하는데 이는 잘못된 선택 조건이다. 확언하건대, 최상의 환경정책이 바로 최상의 경제정책이다. 우리가 눈앞의 이익에 눈이 멀어 환경 훼손을 아랑곳하지 않는다면 일시적으로는 경제적 번영을 달성할 수도 있을 것이다. 그러나 우리의 후손이 지금 세대가 누린 경제적 번영의 대가를 치러야 한다. 후대는 나무 한 포기 없는 벌거숭이 환경과 열악한 위생상태 속에서 살며 막대한 환경 정화비용을 지불해야 할 것이다. 결국, 환경을 훼손하면서 번영을 추구하는 것은 경제적인 측면에서 봐도 결코 이득이 되는 행동이 아니다.

**로버트 F. 케네디 주니어**
_ 리버키퍼의 소송 변호사로 천연자원보호위원회(Natural Resources Defense Council)의 수석 변호사이다. 아울러 그는 하천보호연합(Waterkeeper Allicance)의 회장으로 활동하며 페이스 법과대학에서 소송실무를 가르치는 교수이기도 하다.

# 자연을 파괴하는 댐 건설

패트릭 맥컬리(Patrick McCully)

대규모 댐은 여러 가지로 해로운 영향을 미친다. 수몰지역 주민들은 집과 토지를 떠나야 한다. 그리고 수몰지역의 소중한 야생 동식물이 사라지고 수인성 질병이 퍼지며, 생명을 주는 범람원과 퇴적물이 사라진다.

댐은 수려한 자연경관을 파괴하고 훌륭한 문화유산과 종교적 성지를 수몰시킨다. 대규모 댐은 지진을 일으키기도 하며(댐에 저수된 막대한 물의 무게 때문에), 온실가스를 배출(수몰되어 죽은 삼림의 부패 때문에)한다. 그리고 댐으로 인해 해양생물이 폐사하고(강물 흐름이 막혀 신선한 물의 유입과 자양분이 바다로 흘러 들어가지 못하기 때문에), 해변은 침식(강에서 흘러나가던 침전물이 해변을 보호했으나 댐에 막혀 바다와 강이 만나는 만으로 흘러나가지 못해 파도가 해안을 침식하기 때문에)된다. 가끔 댐이 붕괴되어 많은 사람들이 익사하는 경우도 있다. 사상 최악의 댐 붕괴사고는 1975년 중국 중부지방에서 일어났는데, 두 개의 대형 댐이 붕괴되어 23만 명이 사망했다.

중국 3개 협곡 댐 건설 프로젝트가 완성되었을 때,
수몰지역의 수위를 알려주는 표지판

많은 댐의 건설로 지구의
**자전 속도**와 **중력장**의
모습이 변하고 있다.

세계 최악의 댐은 중국에서 건설 중인 '3개 협곡 프로젝트(Three Gorges project)' 이다. 이 댐은 위에 언급한 모든 문제를 안고 있어서 우리를 아찔하게 만들고 있다. 정부 통계에 따르면 3개 협곡을 가로막는 댐 공사로 인해 120

---
**사상 최대의 댐 붕괴 사고로 23만 명이 사망했다.**

---

만 명의 주민이 이주해야 한다. 그러나 댐 건설에 비판적인 중국인들은 댐 건설로 고향을 등져야 할 사람이 대략 200만 명에 이를 것이라고 주장한다. 중국 정부는 댐 건설에 반대하는 사람들을 구타하고 투옥시켰고, 그들의 저작물은 모두 인쇄와 배포가 금지되었다.

댐 건설 때문에 인권 남용이 자주 발생하고 있는데 이는 중국에 국한된 문제가 아니다. 1980년대 과테말라에서는 세계은행의 자금으로 치소이(Chixoy) 댐이 건설되었고, 수몰 주민 이주정책을 반대했다는 이유로 민병대가 440명 이상을 살해했는데 대부분 여성과 어린이들이었다.

오늘날 대형 댐이 건설되고 있거나 예정되어 있는 거의 모든 지역에서 지역 활동가들이 댐 건설에 반대하는 활동을 펼치고 있다. 남부 멕시코에서는 50년 전 건설된 댐으로 인해 입은 피해를 보상하라고 투쟁을 벌이고 있다.

모든 댐이 커다란 피해를 일으키지는 않지만 현재 총 4만 7천 개에 달하는 대형 댐이 많은 폐해를 일으키고 있다. 세계에서 가장 긴 강의 60%는 댐이나 관개수로로 물길이 막히거나 정상적인 흐름을 방해받고 있다. 그리고 '세계댐위원회(The World Commission on Dams)' 는 4천만 명에서 8천만 명의 사람들이 댐 건설로 거주지를 옮겼다고 추정했다.

자연적 물의 흐름을 가로막는 인공적 구조물 때문에 깨끗한 물에서 서식하는 생물들이 빠른 속도로 사라지고 있다. 깨끗한 물에 서식했던 어류 중 3분의 1 정도가 멸종위기에 처해 있다. 그리고 중요하지만 일반에게 잘 알려지지 않은 갑각류, 양서류, 식물과 새들도 역시 깨끗한 물이 줄어들면서 멸종될 위험에 처해 있다.

과연 댐은 더 나은 세상을 위해 어쩔 수 없이 받아들여야만 하는 필요악일까? 물론 가뭄을 대비해 물을 보충해 두어야 한다. 수력발전을 위해 물은 반드시 필요하다. 우리는 물을 저장할 필요가 있다.

그러나 최선의 저수 방법은 강을 막아 댐을 건설해 호수를 만드는 방법이 아니라 지하수를 활용하는 것이다. 지하수를 저장하면 홍수가 일어나 막대한 피해를 끼치지도 않고, 댐으로 건설된 호수나 저수지에서 막대한 양의 물이 증발하지도 않는다.

지하수는 전 세계 인구 3분의 1 정도와 대부분의 농촌 거주자에게 주요한 마실 물의 원천이 된다. 지하수를 이용한 관개농법은 대규모 댐이나 수로를 통해 농업용수를 공급하는 것보다 훨씬 생산적이다. 지하수는 농부가 언제든 자유롭게 사용할 수 있지만 댐을 통한 관개수로는 정작 필요할 때 필요한 양만큼 사용하지 못하는 일이 자주 발생한다.

인도를 비롯한 많은 나라에서 제방이나 댐을 건설하는 대신 빗물을 재활용하자는 운동이 활발히 일어나고 있다. 실제로 댐이나 저수지의 저수량 못지않은 빗물이 지하수로 흘러들어 가고 있다. 라자스탄 지역 하나만 보더라도, 70여만 명의 사람들이 가정용, 가축용 또는 경작용으로 활용하도록 지하수를 개발해 혜택을 보고 있다. 이 과정에서는 단 한 사람도 고향을 떠나거나 강제로 이주당하지 않았다. 또한 도시도 빗물을 재활용할 수 있다. 주택의 지붕이나 건물 옥상에서 떨어지는 빗물을 저수탱크로 모으면 되는 것이다.

생명을 주는 물을 대체할 다른 수단은 없지만 수력발전을 대체할 방법은 있다. 새롭고 재생 가능한 에너지 원천을 개발해 수력발전에 대한 의존도를 낮추면 된다.

그동안은 댐을 다른 대체수단과 공정하게 비교하는 기회가 없었다. 정부나 기업의 부조리와 로비 때문에 댐 건설로 입게 될 피해는 과소평가되고 혜택을 과대평가하는 불공정한 조사가 이루어졌기 때문이다. 그러나 이해 당사자 모두가 참여해 포괄적이고 투명한 조사를 시행한다면 대규모 댐의 건설은 극소수로 줄어들 것이다.

역사적으로 댐을 건설해 물 문제를 해결하려는 노력은 오히려 상황을 더 악화시켜 왔다. 과거를 찬찬히 돌아보면 물을 더 나은 방식으로 사용할 방법은 얼마든 존재한다.

**패트릭 맥컬리**
_ 국제하천네트워크(International Rivers Network)의 사무국장이며
「**침묵하는 강: 대규모 댐의 생태학과 정치학**(The Ecology and Politics of Large Dams)」의 저자이다.

'세계 댐 위원회'는 대규모 댐이 인도 곡물 생산에 기여하는 정도가 10%도 되지 않는다고 평가했다.

"현재, 전체 생산량의 10%는 2천만 톤에 해당한다. 2001년, 이 숫자의 두 배나 많은 곡물이 정부 소유의 창고에서 썩어 가고 있으며, 동시에 3억 5천만 명의 인도인이 절대 빈곤선에도 못 미치는 굶주린 삶을 살고 있다. 인도의 식량 공급 담당 정부기관은 인도에서 해마다 생산하는 전체 곡물의 10%가 썩어 없어지거나 쥐의 먹이로 사라진다고 말한다. 인도는 쥐가 먹어 버릴 곡물을 생산하기 위해 댐을 건설하고 수백만 명의 국민을 이주시키는 유일한 국가이다."

_ 아룬하티 로이(Arundhati Roy)의 「권력정치(Power Politics)」

아니시나베크웨(Anishinaabekwe)의 딸들이여,
너희는 물의 수호자다.
나는 니비(Nihi)로 **신성한 원천인 물이다.**
대지의 어머니인 아키(Aku)의 피로서
마른 씨앗이 아름다운 꽃을 피우게 한다.
나는 생명의 원천이다.
나는 세상을 정화시킨다.

니비, **생명을 부여하며**
생명이 영원히 순환하도록 책임을 진다.
나는 어머니의 핏줄 속을 순환한다.
이제 나의 슬픔과 고통을 들어주소서.

**나는 너희의 손자, 손녀들이 마실 물이다.**
딸들이여, 항상 내 말에 귀를 기울이라.
너희는 물의 수호자이다.
내 외침을 들어라.
이제 아키의 심장을 남몰래 흐르는
샘물의 흐름을 위해.

_ 메니소타에 거주하는 오지브와족(Ojibwa) 인디언의 시

댐 건설로
어쩔 수 없이
거주지를 떠난 사람은
세계적으로
3천8백만 명에
달한다.

지구상에 존재하는
강의 65%가
댐에 의해
건설되었다.

# 국가별 댐 건설 현황

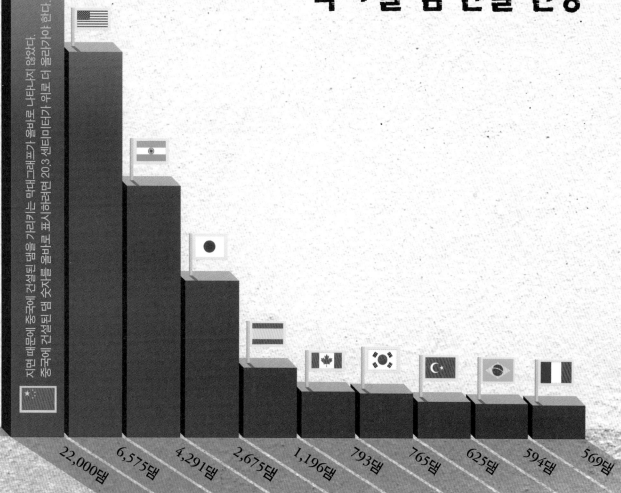

지면 때문에 중국에 건설된 댐을 가리키는 막대그래프가 올바로 나타나지 않았다. 중국에 건설된 댐 숫자를 올바로 표시하려면 20.3 센티미터가 위로 더 올라가야 한다.

22,000댐  6,575댐  4,291댐  2,675댐  1,196댐  793댐  765댐  625댐  594댐  569댐

↑ 댐의 수        → 국가        자료출처: 세계 댐 위원회(World Commission on Dams)

# 10 삶의 무거운 짐, 물

워터에이드(WaterAid)

아프리카에서는 가족을 위해 물을 긷거나 나무를 하고, 음식을 준비하는 노동의 90%를 여성이
담당하고 있다.
_ 유네스코

매일, 꼭두새벽에 일어나서 울퉁불퉁한 길을 몇 킬로미터씩 걸어 그날 가족이 쓸 물을
길어 와야 한다고 상상해 보라. 뿐만 아니라 더럽고 파리가 들끓으며 야생동물과 함께 사
용해야 하는 물을 상상해 보라. 많은 나라에서 매일 사용할 물을 긷기 위해 6시간을 소비한
다. 새벽에 일어나 이러한 고단한 여정을 마치고 집에 돌아온 이후에야 일상생활, 즉 농사
일(대부분 개발도상국가에서 여성이 농사일을 담당한다), 식사 준비, 집안 청소, 육아 등을 시작할
수 있다.

대부분의 개발도상국가에서 여성이 물을 길어오는 일을 맡는다. 아프리카 농촌에서 때
때로 여성은 물을 긷기 위해 16킬로미터나 걸어가 25킬로그램이 훨씬 넘는 물을 힘겹게 지

짐바브웨에서 동틀 무렵 물을 긷기 위해 펌프 앞에서 줄을 지어 기다리는 여성들

> 많은 나라의 사람들이 가족이 하루에 사용할 물을 긷기 위해 매일 6시간을 소비한다.

고 집에 돌아온다. 건기가 되면 이런 중노동을 하루에 두 번씩하기도 한다. 매일 무거운 물통을 머리에 이거나 지고 오는 일은 신체에 상당한 부담을 준다. 요통은 일반적인 증상이고 심한 경우에는 척추가 휘고 골반이 변형되어 출산 때 산모와 아기의 생명을 위협한다.

우물로 향하는 길은 좁고 미끄러우며 위험하다. 힘든 길을 걸어가 도착한 우물은 건기가 길어질수록 땅을 깊게 파들어 간 형태가 많다. 따라서 물을 긷기가 매우 힘들고, 우물 벽이 무너져 때로는 사람이 죽기도 한다.

이렇게 먼 길을 걸어가 우물에 도착한 여성들은 물을 긷기 위해 오랜 시간을 기다린다. 경우에 따라 물을 긷기 위해 5시간을 기다리기도 한다. 해마다 건기가 지속되는 대여섯 달 동안은 우물이 거의 말라 버려서 한 통의 물을 채우기 위해 한 시간을 넘게 기다려야 한다. 그래서 기다리는 시간을 줄이기 위해 일부 여성들은 한밤중에 일어나 물을 길러 가기도 한다.

온갖 고생을 다해서 얻은 물도 오염되어 있거나 콜레라, 이질처럼 생명을 위협하는 박테리아와 기생충이 득실거리기도 한다. 아프리카에서는 5세 미만의 어린이 수천 명이 수인성 질환으로 사망한다. 워터에이드와 다른 구호단체는 이러한 문제를 개선하고자 개발도상국가에서 깨끗한 물의 공급과 위생상태 개선을 위해 노력하고 있다.

### 워터에이드(WaterAid)

_ 영국에 본부를 둔 구호단체로 개발도상국가에 안전하고 깨끗하며 믿을 수 있는 물을 공급하고 위생상태를 개선하기 위해 여러 국가와 협조해 노력하고 있다.

# 가나의 칸디가(Kandiga)에 살고 있는
# 루시(Lucy)의 이야기

10년 전에 나는 매일 새벽 3시에 일어나 4킬로미터 떨어진 강으로 물을 길러 가야 했다. 물을 긷고 집에 빨리 와야 오전 10시여서 나는 직장에 지각하는 경우가 많았다.(나는 선생이다.) 직장 생활을 하고 있었지만 물을 길어오는 것은 내 책임이었고, 내가 물을 길어 와야 아이들이 학교에 갈 수 있었다. 내가 제시간에 와야 아이들은 얼굴을 씻고 아침밥을 먹은 후 학교에 갈 수 있었다. 내가 늦거나 하면 아이들은 씻지도 못하고 아침도 굶은 채 학교에 가야 했다.

우리 마을에서 여성은 매일 아침 가족을 위해 물을 길어 와야 한다. 물이 부족할 경우, 부부싸움이 일어나거나 남편이 아내를 때리고 이혼까지 불사하기도 한다. 나도 남편과 물 때문에 싸움을 벌인 후에 이혼했다.

여성들은 물을 긷느라 하루의 대부분을 보낸다. 동이 틀 무렵에 물을 길러 강으로 가다가 뱀에 물려 다치거나 물병을 깨뜨리기도 한다. 소녀 때부터 가족을 위해 물을 길어 와야 하기 때문에 학교에 다니는 소녀는 극히 드물다.

내가 사는 칸디가는 11월에서 3월까지 물의 부족이 심각해지는 건기를 겪는다. 물이 너무 부족하기 때문에 우리는 건강에 매우 유해한 더러운 물이라도 길어 와야 했다. 마을에 위생시설이라고는 존재하지 않았다. 내 아이들을 포함해 마을의 어린이들은 물 때문에 병이 났고 영양 상태도 매우 열악했다.

1994년, 나는 워터에이드에 관해 알게 되었다. 나는 마을 사람에게 이 단체에 관해 알리고 그들을 조직화해 도움을 청했다. 1995년, 몇 번의 면담을 한 후에 이 단체는 우리 마을에 우선 두 개의 우물을 파주기로 결정했다.

손 펌프가 설치된 첫날, 나는 새벽 6시에 일어나 큰 소리로 울어 버렸다. 물을 긷기 위해 강으로 가기에 너무 늦은 시간에 일어났기 때문이었다. 그런데 나는 아이들이 나보다 먼저 일어나서 물병에 깨끗한 물을 담아 놓고, 아침 식사 준비를 해 놓았다는 사실에 놀라움을 금치 못했다.

그날 이후, 우리 마을은 평화로움이 가득했다. 물을 놓고 주민끼리 벌이는 싸움, 부부싸움, 뱀에 물리는 일, 탈진, 수인성 질환이 모두 과거의 일이 되었기 때문이다. 남성과 아이들도 자신이 쓸 물을 마을에 있는 우물에서 스스로 길어 왔고, 여자 아이들의 취학률은 물론 남자 아이들의 취학률도 크게 높아졌다.

물론 가장 주목할 것은 여성들의 삶이 놀랍게 향상되었다는 점이다. 우리는 가족을 돌보며 직물을 짜고 보다 여유롭게 농사를 지을 시간을 갖게 되었다. 그리고 전까지는 여성이 남성에 비해 지적능력이 현저히 떨어진다고 간주되었지만 여자의 제안으로 인해 마을에 우물이 생긴 다음에는 남성과 동등하게 인정받고 있다. 이제 우리는 의사결정 과정에도 참여하고 전에는 꿈도 꾸지 못할 마을 지도자의 업무도 맡아 보고 있다. 나는 지역사회에서 정치적으로 가장 권위가 높은 지역의회에 마을 대표로 선출되었다.

마을에서는 토론을 통한 의사결정이 많아졌고, 지역의 환경자원을 관리하려는 노력이 장려되고 있다. 깨끗하고 안전한 물의 확보로 산업은 발전했고 생활은 윤택해졌으며 사람들의 건강상태는 놀라울 정도로 좋아졌다.

물이 없는 삶은 생각하기조차 끔찍하다. 나는 물 걱정에 언제나 노심초사했다. 나는 다른 무엇을 할 수 있다고 생각하지 않았다. 그러나 지금의 나는 그 이전에 상상할 수도 없었던 많은 일들을 하고 있다. 정말 놀라울 따름이다. 무엇보다 가장 크게 달라진 것은 현재 나는 매우 행복하다는 것이다.

워터에이드가 제공한 루시의 사진

우리는 갈증을 피할 수 없고 물줄기를 따라 움직인다. 엄마 젖을 먹으려는 아기는 엄마의 가슴으로 다가간다. 이슬람교, 기독교, 유태교, 불교, 힌두교, 무속신앙 등 무엇을 믿든 간에 모든 사람은 갈증을 풀기 위해 물을 쫓는다.

_ 루미(Rumi)

수많은 사람들이 사랑 없이 살고 있다.
하지만 물 없이 살아가는 사람은 한 명도 없다.

_ W.H. 오든(W.H. Auden)

# 11 물과의 전쟁

유네스코(UNESCO)

피를 피로 씻어낼 수 없다. 하지만 물로는 씻어낼 수 있다.

_ 터키 속담

생명과 불가분의 관계에 있기 때문에 물은 무력 분쟁의 씨앗이 되기도 한다. 고대부터 물의 원천이나 시설을 파괴하는 행위는 적에게 치명타를 가하는 수단이었다. 역사를 살펴보면 전 세계적으로 무력 분쟁이 일어났을 때, 물을 목표로 삼는 전략이 상당히 많았음을 알 수 있다.

- 기원전 596년, 네부카드네자르(Nebuchadnezzar)는 오랜 포위를 끝내기 위해 티레(Tyre, 레바논 남부에 위치한 고대 페니키아의 항구도시-역주)에 물을 공급하는 수로를 파괴했다.

- 1503년, 레오나르도 다빈치와 마키아벨리는 피사(Pisa)와 플로렌스(Florence) 사이의

## 헤이그 협약(The Hague Convention)

협약안 I(제54조)

어떤 동기에서든 '식수를 공급하는 시설이나 장치' 등 '민간인의 생존에 기본적으로 필요한 대상'을 공격하고 파괴하며 제거하는 행위를 금지한다.

협약안 I(제56조)

'댐, 제방, 핵발전소처럼 위험 물질이나 파괴력을 보유한 시설'을 공격하는 것을 금지한다.

(미국은 1977년에 직접 참가해 채택한 이 협약을 비준하지 않는 몇 안 되는 국가 중 하나이다.)

분쟁 기간 중에 아르노(Arno) 강의 흐름을 피사에서 다른 곳으로 돌리려는 계획을 세웠다.

- 1863년, 미국의 남북전쟁 중에 율리시즈 그랜트(Ulysses S. Grant) 장군은 빅스버그 (Vicksburg)의 제방을 무너뜨려 남부군에게 공급되는 물을 차단하려고 했다.

- 1938년, 장개석은 홍수 다발 지역이 일본군 수중에 떨어지지 못하도록 하기 위해 황하 강의 홍수 조절 제방을 파괴하도록 명령했다. 이 홍수로 침략군의 상당수가 사망했지만 중국 민간인도 적게는 1만 명에서 많게는 1백만 명이 목숨을 잃었다.

- 제2차 세계대전 중, 수력발전 댐은 전략적 공격목표로 많은 폭격을 당했다.

- 베트남전쟁 중에 계획적인 폭격으로 많은 제방이 파괴되거나 훼손되었다. 북베트남은 이와 같은 폭격으로 익사하거나 굶어 죽은 민간인 숫자가 2, 3백만 명이라고 주장했다.

- 1981년, 이란은 이라크의 대부분 지역에서 정전이 일어나도록 이라크의 수력발전 시설을 폭격했다.

- 1993년, 사담 후세인은 남부 시아파 거주지역에 공급되는 물을 고의로 오염시키고 고갈시켰다.

- 1999년, 코소보(Kosovo)에서 세르비아인들은 고의로 물 공급 시설과 우물을 오염시켰다. 같은 해, 잠비아의 루사카(Lusaka)의 수로가 폭격을 받아 주민 3백만 명에게 공급되는 물이 차단되었다.

유네스코

_ 『세계물평가프로그램(World Water Assessment Programme)』에서 발췌

# 이라크 사막을 고갈시켜라

　　조지워싱턴 대학의 토머스 나지(Thomas J. Nagy) 교수가 폭로한 문서는 제1차 걸프전쟁 중에 미국이 의도적인 폭격으로 이라크의 물 관련 기반 시설을 10년이나 후퇴시킨 사실을 알려준다. 이와 같은 폭격으로 많은 인명이 희생되고 질병이 퍼졌으며, 어린이의 피해는 특히 심각했다.

　　미국의 국방정보국(DIA, Defense Intelligent Agency)은 걸프전쟁이 시작되기 전에 다음과 같은 전략을 담은 비밀문서를 발표했다.

　　"이라크는 물을 정화하기 위해 특별한 장비와 화학물질을 필요로 한다. 그런데 이런 장비와 화학물질들을 생산할 기반이 없기 때문에 전적으로 수입에 의존하고 있다. 만일 수입이 어려워진다면 국민 대다수에게 깨끗한 식수를 충분히 공급하지 못하게 된다. 식수의 부족은 전염병은 아니더라도 질병을 증가시킬 수 있다. 이라크는 머지않아 식

---

어지러운 세상에서 군대는 독약이고 인민은 물이다.

_ 베트남 속담

---

수의 부족이 심화되어 고통을 겪게 될 것이다. 그리고 사람들이 물을 끓여먹는 등 주의를 하지 않는다면 전염병을 포함한 질병이 발생할 가능성이 높다. 이라크의 전반적인 식수 처리 능력은 갑자기 중지되기보다는 서서히 감소하게 될 것이다. 이미 이라크의 식수 처리 능력은 상당히 저하되어 있지만 시스템이 완전히 붕괴되기까지는 6개월 정도가 소요될 것으로 보인다."

'사막의 폭풍(Desert Storm)' 작전이 시작된 직후에 또 다른 국방정보국 문서는 이라크 국민의 건강에 심각한 영향을 미칠 문제를 예견했다.

"전염병이 발생할 가능성이 높다. 특히 연합국의 폭격을 받은 주요 도시에서 전염병이 발생할 가능성이 높다. 연합국의 폭격 대상이 된 주요 이라크 도시(바그다드, 바스라)에서 발생한 전염성 질병은 사막의 폭풍 작전이후 그 기세가 더 커지고 있다. 현재 공중위생 문제는 의약품의 부족과 쓰레기, 깨끗한 물과 전기의 공급 부족, 그리고 질병 발생을 통제할 이라크 정부의 능력 부족에서 기인한다. 앞으로 60일에서 90일 동안 발생 가능성이 가장 높은 질병은 설사(특히 어린이), 심각한 호흡기 질환(감기와 인플루엔자), 장티푸스, A형 간염(특히 어린이), 홍역, 디프테리아, 백일해(특히 어린이), 수막구균성 감염을 포함한 뇌막염(특히 어린이)과 콜레라(가능성은 있지만 그리 크지 않음)가 있다."

이 문서는 이라크 정부가 질병의 발병을 미국의 탓으로 돌리겠지만 미국 정부는 이를 이라크의 '선전 공작'이라고 주장해야 한다고 적고 있다. 그리고 실제로 똑같은 일이 벌어졌다.

이외에도 나지 교수는 1998년 5월에 공군이 발간한 '공군 작전지침 2-1.2' 라는 제목의 비밀문서를 폭로했다. 이 문서에는 '전략적 공격' 이란 표제로 사막의 폭풍 작전을 분석한 내용이 포함되어 있다.

"전력의 공급 중단으로 이라크 수도에 있는 상하수도 처리 시설이 가동을 멈추었고, 공중위생 문제가 크게 악화되었으며, 티그리스(Tigris) 강에 오수가 그냥 배출되었다."

위의 내용이 포함된 장에는 '효과적인 작전의 요소' 라는 제목이 붙어 있었다.

**토머스 나지**(Thomas J. Nagy)
_2001년도 『프로그레시브(The Progressive)』에 실린 '제재 이면의 비밀: 미국은 이라크의 식수 공급을 어떻게 의도적으로 파괴했는가(The Secret Behind the Sanction: How the U.S. Intentionally Destroyed Iraq' s Water Supply)' 라는 글을 썼다.

2003년 3월 이라크의 수도 바그다드

물은 모든 것에 생명을 준다.
_코란 21장 30절

일본 과학자인 마사루 에모토(Masaru Emoto)는 물에 감정과 영혼, 기억이 있다고 믿는다. 그는 '희망', '사랑', '증오', '전쟁'이란 가사가 포함된 음악을 물 표본에 들려주고, 물의 미세한 파장을 사진으로 담는 실험을 했다. 그의 뛰어난 저서인 「물이 전하는 메시지(Message From Water)」는 그가 실험을 통해 얻은 물의 사진을 보여주며 오염, 록 음악, 분노를 담은 단어는 물을 화나게 하고 물의 분자형태를 변형시킨다고 주장한다.

세계의 각종 문헌을 살펴보면 악인 중에서도 가장 나쁜 사람은 우물에 독약을 넣은 사람이다.

_ 작자 미상

    세계 도처에서 모인 우리는 삶의 근원인 지구와의 관계를 다시 한 번 되새기고 물을 보호해야 한다고 소리 높여 주장한다. 우리는 모든 창조물의 생명인 물의 존재를 제대로 인식하고 존중하며 소중히 간직해야 한다. 지금처럼 아무런 위기감 없이 물을 낭비하고 자연을 훼손하다가는 머지않아 큰 고난을 맞게 될 것이다. 또 우리에게는 미래의 후손에게 좋은 환경을 물려주어야 할 책임이 있다. 부정하려 해도 우리는 이 사실을 너무나 잘 알고 있다. 지구의 생명인 물, 현재와 미래 세대의 생존을 위해 우리는 모두 함께 끝까지 지켜내야 한다.

            — 세계 각국에서 모인 사람들의 '교토 물 선언'(Kyoto Water Declaration, 2003)

# 팔레스타인의 정의를 위한 갈증

영국 옥스팸(Oxfam)의 바바라 스토킹(Barbara Stocking)

이스라엘과 팔레스타인 사이의 갈등은 종교와 권력, 역사에서 기인한다. 그러나 제3자의 시각에서 보면 이 갈등은 물을 둘러싼 싸움이기도 하다.

메마른 자연환경에서 물은 사람들에게 생명을 주고 정착하도록 한다. 옥스팸은 이스라엘 사람들이 자신의 나라를 잃게 될까 봐 매우 두려워하고 있으며, 빈번히 발생하는 자살 폭탄 공격을 매우 두려워한다는 사실을 주지해야 한다. 그리고 우리는 지배 세력인 이스라엘이 점령지 주민에게 물을 포함한 인간으로서 누려야 할 기본적 요구 사항을 반드시 제공해야 한다는 제네바 조약을 위반한 것에 대해서도 책임을 져야 한다.

웨스트뱅크(West Bank)의 나블루스(Nablus)에서 몇 킬로미터 떨어진 마다마(Madama)라는 마을은 대부분의 이스라엘 거주지와 달리 어떤 수도망과도 연결되지 않은 수백 개의 팔레스타인 마을 중 하나이다. 옥스팸은 이런 마을 30개를 도와 가옥의 지붕에 물탱크를 설

자살폭탄 공격이 발생한 이후 이스라엘 탱크가 가자 지구의 우물과 주택을 파괴하는 모습

치하는 작업을 벌이고 있다.

마나마에 거주하는 1,700명의 사람들은 마을에 있는 무료 샘물에서 식수를 해결하고 있다. 그러나 뜨거운 여름철에 이 샘물은 사실상 말라 버려 마을 사람들은 물탱크 차에서 물을 사 먹어야 한다.

이 샘물은 마나마에서 1킬로미터 이상 떨어진 가파른 언덕에 있다. 이 언덕의 정상에 오르면 이스라엘인의 정착촌인 이자르(Yizhar)가 보이는데 여기에 거주하는 이스라엘인들은 1년 365일 수도꼭지만 틀면 물을 자유롭게 사용할 수 있다. 이 물은 메코로트(Mekorot)라는 민간기업이 공급한다. 이 기업은 사실상 이스라엘의 물 공급을 독점하고 있고 웨스트뱅크 지구의 43%나 되는 지역에 물을 공급한다.

그런데 중요한 것은 물탱크 차에서 공급하는 물을 사용하는 마다마 주민들은 이자르에 거주하는 정착민들보다 5배나 비싼 가격을 지불하고서야 사용한다는 사실이다.

이스라엘의 인권단체인 비슬렘(B' Tselem)은 웨스트뱅크에 거주하는 팔레스타인 한 명이 평균적으로 하루에 60리터의 물을 사용한다고 추정했다. 그러나 이스라엘과 웨스트뱅크에 거주하는 이스라엘인은 하루에 350리터를 사용한다고 추정했다.

두 번째 인티파타(intifata, 1987년 가자 지구와 웨스트뱅크 이스라엘 점령 지역에서의 팔레스타인에 의한 반란-역주)가 있기 전에 이스라엘에 남성의 80%는 노동에 종사하면서 120쉐켈(26달러)의 일당을 받았다. 그러나 무력 대치가 시작된 이후 이스라엘 당국은 팔레

> 세수할 때도 내가 세수할 정도로 능력이 있는가를 스스로에게 물어봐야 합니다.

스타인에게 부여하던 노동 허가 숫자를 크게 줄여 마다마의 실업률은 65%까지 치솟았다.

"세수할 때도 내가 세수할 정도로 능력이 있는가를 스스로에게 물어봐야 합니다."라고 마다마의 지역평의회 의장인 아예드 카말(Ayed Kamal)은 말했다. "이 마을의 모든 사람은 어려운 선택을 해야 합니다. 이제 마을 사람들은 돈이 없어, 모든 것을 줄여야 합니다. 물도 예외는 아니지요."

상황을 더욱 어렵게 하는 것은 우물이 1년에 15번이나 고의적으로 파괴되고 있다는 사실이다.

카말은 계속 말을 이었다. "우리는 우물 주변을 콘크리트로 막고, 마다마까지 물을 보내는 파이프라인을 설치했습니다. 그런데 어느 날 아침, 우물에 가 보니 우물 주변을 보호하던 콘크리트가 부서지고 일회용 기저귀를 비롯한 썩은 고기와 과일들이 우물에 던져져 있더군요. 게다가 마른 시멘트 가루를 물 위에 뿌려 전혀 사용할 수 없게 만들었습니다. 그리고 이스라엘 이주자들은 우물을 복구하려는 팔레스타인 사람 세 명에게 총격을 가해 부상을 입혔습니다. 그들은 손상된 파이프를 고치려는 옥스팜 직원에게까지 총격을 가했을 정도입니다."

카말은 2003년 10월에 우물을 청소하고 시멘트로 더 단단히 보수했으며 이번이 마지막 수리가 되기를 바랐다. 공사는 비무장한 자원 봉사자들이 인간 방패를 형성해 감시하고 경계를 보는 가운데 완성되었다.

"이번에는 시멘트가 모두 마르는 저녁때까지 자원 봉사자들이 우물을 지킬 겁니다."라고 카말은 말했다.

그리고 그날 저녁, 그는 우물이 있는 산에서 내려와 회교사원 밖에 마련된 수도로 갔다. 수개월 만에 처음으로 수도꼭지에서 깨끗한 물이 콸콸 흘러나왔다.

"놀라운 일이었습니다. 오늘 밤 마을에는 큰 축하행사가 있을 겁니다. 우리는 다시 물을 갖게 되었고, 이를 기념해 파티를 열겁니다."

바바라 스토킹
_ 영국 옥스팸의 사무총장

한 팔레스타인 남자가 유엔이 제공한 물을 병에 담고 있다.

난민촌에서 한 소년이 물통을 들고 폐허를 지나고 있다.

**진실**: 이스라엘 군대는 팔레스타인 지역에 있는 수도 시설 202개와 수돗물 공급 시스템 255개를 손상시켰다.

경제와 사회적 권리 수호 센터
(Center for Economic and Social Rights)


### 이스라엘 사람의 안전과 인권

"때때로 이스라엘의 조치는 너무 불공정해 보이고 안보와 무관해 보이기도 한다. 팔레스타인 사람들이 그렇게까지 멸시를 당하며 처벌을 받고 복종해야 하는지 의문이 든다. 이스라엘 당국의 안전을 위한 조치는 팔레스타인 사람들의 인권을 침해하지 않도록 조화를 이뤄야 한다. 유엔의 특별보고서를 보면 이스라엘은 자국민의 안전을 위해 팔레스타인 사람의 인권을 철저히 무시하고 있다.

2002년, 팔레스타인 점령 지구에 대한
유엔 특별보고서


### 팔레스타인 여성과 물에 대한 권리

물 부족은 여성에게 가장 큰 영향을 미친다. 대부분의 가정에서 여성은 물을 구해 가족들이 제대로 사용할 수 있도록 관리하는 책임을 지고 있다. 따라서 여성은 물의 가격이 높아지면 그만큼의 책임을 더 져야 한다. 다시 말해 그것을 감당하기 위한 소득을 창출해야 한다는 의미인 것이다. 즉 그들은 소중히 간직해 왔던 보석이나 소유물을 팔아 물을 사야만 한다.

많은 여성은 물을 구하기 위해 돈을 빌리면서 많은 부채를 지게 된다. 또한 여성은 가족에게 물을 공급하기 위해 많은 시간을 투자한다. 그들은 물 부족이 심화되자 청결하지 못한 물이라도 얻기 위해 상당히 먼 거리를 걸어간다. 마지막으로, 여성은 물 공급의 부족이 심화되는 가운데 어떻게 물을 사용해야 할지 결정을 내려야 한다. 일부 지역에서 여성은 어린이 목욕을 줄이는 결정을 내린다. 때때로 여성은 물을 사기 위해 토지나 가축을 팔거나, 가축에게 먹일 물이 없어 그 가축을 처분하기도 한다.

옥스팸, 영국

물은 유동적인 것으로 한곳에 머물지 않고 끊임없이 이동한다. 물은 반드시 자연의 법칙에 따라 공유재로 남아 있어야 한다.

_ 윌리엄 블랙스톤(William Blackstone)

최근에 발표된 **지구 온난화**에 대한
미 국방성의 보고서는
　　　　　몇몇 주요 유럽과 미국의 도시는
**2020**년이 되면 물부족에
　　　　직면할 것이라고 경고한다.

# 높아진 해수면, 넘치는 물로 인한 고통

영국의 그린피스(GreenPeace)

화석연료(석탄·석유·천연가스와 같은 지하매장 자원을 이용하는 연료-역주)의 지나친 사용에 따른 기후 변화, 즉 해수면의 상승과 빙하의 용해, 홍수와 폭풍, 가뭄은 이미 발생하고 있으며, 이 변화는 인간이 물과 맺는 관계를 돌이킬 수 없도록 급격히 변화시키며 우리를 위협하고 있다.

과학적 연구 결과는 너무 명백한 사실을 보여준다. 유엔은 2025년이 되면 심각한 가뭄으로 전 세계 인구 중 3명 중에 한 명, 즉 50억 명이 충분한 물을 사용하지 못하고 수백만 명이 굶주림에 시달릴 것이라고 예측했다.

지구 온난화는 단지 기온상승에 그치지 않는다. 지구 온난화로 홍수가 더 빈번해졌다. 해안 지역뿐만 아니라 유럽에서도 강물의 범람은 크게 증가할 것이다. 이미 영국과 미국의 일부 보험회사는 홍수가 빈번한 지역에 사는 사람이나 해안과 접한 대규모 토지에 대해 보험을 들어주지 않고 있다.

그린란드(Greenland)와 북극의 빙하가 완전히 사라질지도 모른다. 그리고 극지방에서 대

2000년 모잠비크에서 식량과 식수를 구해
홍수로 넘쳐난 물을 헤치며 걷고 있는 한 남자

양으로 유입되는 차가운 물은 유럽 대부분 지역의 기후를 온화하게 만드는 멕시코 만류의 흐름을 느리게 하거나 방향을 바꾸게 할 수 있다. 바다의 난류대 확장과 더불어 빙하의 해빙은 매년 해수면 상승의 원인이 되고 있다.

해수면이 상승함에 따라, 많은 해안 지역은 바닷물의 유입으로 사라지거나 침식되고, 습지와 맹그로브(mangrove, 열대의 강가나 습지에 널리 자생하는 삼림성 식물-역주)가 사라지면서 민물에 유입되는 바닷물의 양이 증가하고 있다. 뿐만 아니라 산호초, 산호섬과 해수 소택지를 포함해 일부 해안 생태계는 사라질 운명에 처해 있다.

물의 부족과 물의 과잉 문제는 아프리카나 아시아 지역에 거주하는 최빈국 주민들에게 가장 큰 영향을 미친다.(실제로 벌써 큰 영향을 받고 있다.) 그리고 이들은 높아지는 해수면과 증가하는 가뭄 그리고 질병에 대처할 능력이 없다.

2003년 여름, 방글라데시, 스리랑카, 네팔, 아프가니스탄, 인도, 중국과 파키스탄에 심각한 홍수가 발생한 직후 열풍이 밀어 닥쳤다. 하와이와 호주 사이의 태평양 한 가운데 있는 섬 국가인 투발루(Tuvalu)의 지도자들은 해수면 상승과의 전쟁에서 패배했음을 시인하며 국민들에게 조국을 포기하라고 선언했다.

해수면이 상승하면서 투발루는 저지대가 침수되고 해수가 지하수에 스며들어 식수를 오염시켰다. 경작지는 불모지로 변했고, 해안 침식은 이 나라를 구성하는 9개의 섬을 집어 삼켰다.

투발루 환경부 차관인 파니 라우페파(Paani Laupepa)는 이산화탄소 배출의 감축을 국제적으로 동의한 교토 협약(Kyoto Protocol)을 지키지 않는 조지 부시(George W. Bush) 대통령을 강력히 비난했다. "교토 협약을 비준하지 않는 것은 투발루 국민들이 조상 대대로 수천 년간 살아 온 곳에서 거주할 자유를 부정한 것과 다름없다."라고 그는 말했다.

투발루는 이웃 국가인 키리바티(Kiribati), 몰디브(Maldives)와 더불어 태평양 해수면을 상승시킨 주범인 서구 국가와 기업을 상대로 소송을 제기할 계획이라고 발표했다. 투발루의 수상은 "해수면 상승으로 바닷물은 섬의 중앙까지 밀어닥쳐 내가 태어나기 수십 년 전부터 있던 작물과 나무를 파괴했습니다. 모든 것이 사라져 버렸고 누군가는 책임을 져야 합니다. 바로 지구 온난화가 주범입니다."라고 설명했다.

투발루는 해수면 상승으로 국민을 대피시킨 첫 번째 국가이지만, 이런 일이 투발루로 끝나지는 않을 것이다. 호주가 투발루 난민을 외면하고 받아들이기를 거부한 이후에 뉴질랜드는 1만 1천 명의 투발루 국민 모두를 받아들이기로 결정했다. 호주도 미국처럼 교토 협약을 받아들이지 않고 있다. 하지만 앞으로 몰디브 국민 31만 1천 명을 비롯한 수백만 명의 저지대 거주민들이 환경 난민이 될지도 모른다. 그들은 어디로 가야 하는가?

전망은 상당히 어둡다. 이산화탄소가 대기 중으로 배출되는 규모가 증가하면서 기후는 이전의 모습을 잃고 상당히 급격한 변화를 겪으며 재앙에 가까운 모습을 보이고 있다. 그러나 불행하게도 기후 변화에 대처할 희망은 없다. 단지 한 가지 확실한 것은 화석연료를 대체할 수단은 물밖에 없다는 것이다.

재생 에너지를 생각할 때 우리는 태양전지나 풍력 터빈(물·가스·증기 등의 유체가 가지는 에너지를 유용한 기계적 에너지로 변환시키는 기계-역주)을 떠올린다. 물에서 발생하는 에너지는 그다지 대단하게 생각하지 않는다. 하지만 파도와 조수를 이용한 에너지는 우리의 에너지 요구를 충족시킬 정도로 충분한 잠재성을 지니고 있으며 최근의 재생 에너지 연구는 이런 기술에 초점을 맞추고 있다. 스코틀랜드의 외딴 섬인 이슬레이(Islay)는 세계 최초로 상업적 파력(wave-power) 발전소를 가동해 파도가 해안 암벽에 부딪힐 때 발생하는 막대한 에너지로 전기를 생산하고 있다. 영국은 선구적으로 바다 한가운데 바람농장을 건설한 덴마크와

스웨덴의 연구 활동에 동참하고 있다.

기후 변화는 인간이 자연을 정복할 수 없다는 사실을 알려주었다. 그러나 우리는 자연의 힘을 이용할 수 있고, 파도와 조수 에너지를 활용해 기후 변화가 더 큰 문제를 일으키지 않도록 해야 한다. 우리는 석유, 석탄과 천연가스를 대체할 깨끗한 에너지원을 개발하고 이를 활용하는 새로운 길을 걸어가야 한다.

사하라 사막에서 물의 부족으로
사망하는 사람보다는
갑작스런 홍수로
익사하는 사람이 더 많다.

같은 강물에 두 번 발을
담글 수 없다. 강물
은 계속 흘러가기
때문에 다시 발
을 담갔을 때는 이
미 새로운 강물이다.

– 에페수스의 헤라클리투스
(Heraclitus of Ephesus)

2000년 모잠비크

# 홍수의 피해

1998년, 아시아 전역을 휩쓴 홍수로 7천 명이 사망했고 6백만 채 이상의 가옥이 파괴되었다. 그리고 방글라데시, 중국, 인도와 베트남의 경작지 2천5백만 헥타르가 수몰되었다.

2000년 9월, 일본에서 발생한 홍수와 산사태로 4만 5천 명이 대피할 수밖에 없었으며, 강우량이 측정되기 시작한 1891년 이래로 1일 최고 강우량을 기록했다.

또한 2000년에 동남아시아에 폭우가 쏟아져 메콩 강과 그 지류에 사상 최대의 홍수가 발생했다.

- 홍수가 태국 북부 지역을 휩쓸어 50만 헥타르의 경작지가 수몰되었다. 메콩 삼각주(캄보디아와 태국)에 거주하는 거의 50만 명이 고향을 버려야 했다.
- 캄보디아에서 강물 수위가 높아져 40만 헥타르의 경작지가 수몰되었고 140만 명에게 비상 식량이 공급되었다.
- 라오스에서 1만 8천 가구 이상이 홍수로 대피해야 했다. 사나운 물길은 거의 5만 헥타르의 경작지에 치명타를 가했다.

유엔의 아태지역 경제사회위원회(ESCAP, Economic and Social Commission for Asia and the Pacific)는 강 유역의 삼림 훼손, 미흡한 토양 관리 체계, 무리한 간척과 습지의 전용, 그리고 도시 지역의 확대가 이 지역의 홍수(또는 가뭄)를 일으켰다고 비난했다.

유네스코 자료

6만 명의
태국 주민이 사용하는

1일 평균 물의 양은

약 17만 갤런이다

한 개의
골프장이 사용하는

1일 평균 물의 양은

약 17만 갤런이다

# 풀뿌리 민중에게서 해답을 찾자

애니타 로딕(Anita Roddick)

한 잔의 물을 마시기 위해 전세계 인구 중 3분의 1은 수도꼭지를 틀기만 하면 된다  하지만 나머지 3분의 2는 갈증에 시달리고 있다.

생존이 절박한 사람들이 문제에 대한 적극적인 해결책을 제시한다. 다른 선택의 여지가 없기 때문이다. 식수가 부족한 5억 명의 사람들 중 일부는 물을 훔치는 해결책을 선택하기도 한다. 하지만 우리가 생각지도 못한 뛰어난 방법으로 물 문제를 해결하는 방안을 제시하는 사람들이 있다.

레바논에서 불법적으로 강물을 유용하거나 수로를 파는 일은 아주 일반적이다. 이렇게 발생한 물의 수질은 화장실에서 사용되거나 세탁이나 농작물 경작에 사용될 수 있을 정도이다. 그러나 페루 국민의 10% 정도는 이런 수질의 물을 마신다. 그리고 인도에서 일부 사람들은 상수 처리된 수도 요금을 지불하지 않으려고 계량기를 통하지 않고 중간에 몰래 물

칠레에서 물을 얻기 위해 안개에 장막을 치는 사람

을 빼내 사용한다. 또 필리핀 빈민가 사람들은 소화전이나 도시 수도관에 호스를 연결하기도 한다.

물론 이렇게 물을 유용하거나 강물을 그대로 사용하는 것은 불법적인 방법이다. 그러나 사람들이 이럴 수밖에 없는데는 다 이유가 있다. 급수 트럭이 대도시의 빈민가에 물을 공급하기도 하지만 공짜가 아니다. 방글라데시의 빈민가에 물을 공급하는 업자들은 상수도 요금의 250배나 되는 요금을 부과한다고 알려져 있다. 결국 이런 상황이니 암시장이 발달할 수밖에 없는데 멕시코에서 트럭에 실려 외딴 지역으로 공급되는 물은 공식적으론 무료이지만 운전사들은 강제로 요금을 징수해 부당한 이익을 챙기고 있다.

동남아시아와 아프리카 농촌 지역에 사는 가난한 사람들은 상수도 시스템을 이용할 수 있는 사람들보다 리터당 평균 12배나 높은 비용을 지불해야 물을 얻을 수 있다. 이들은 소득의 20%를 물의 구입에 사용하고 있다.

> 방글라데시의 빈민가에 물을 공급하는 업자들은 상수도 요금의 250배나 되는 요금을 부과한다고 알려져 있다.

여러분은 가난한 사람의 열악한 환경을 이용해 물을 놓고 장사를 벌이는 현실에 안타까움을 느낄 것이다.

세계적으로 1주일에 5만 명이나 되는 사람들이 안전한 식수 부족에서 비롯된 질병으로 사망한다. 우리가 다른 사람들의 불행에 대한 통계수치를 분석하고 논쟁을 벌이며 시간을 허비하고 있는 동안에도 세계 곳곳에서는 많은 사람들이 깨끗한 물을 찾아 나서고 있다. 그리고 이렇게 스스로 문제를 해결할 수밖에 없는 사람들은 다양한 창의적 해결책을 제안한다.

보이지는 않지만 많은 사람에게 생명의 원천인 지하수는 거의 모든 곳에서 그 양이 줄고 있다. 세계적으로 20억 명의 사람과 40%의 농업이 지하수라는 보이지 않는 원천에 의지하고 있다. 점점 줄어드는 지하수를 추출하기 위해서는 비용이 든다. 대부분의 노력과 비용은 비가 땅에 떨어져 지하로 흘러 들어간 이후 이 물을 찾아 지상으로 끌어올리는 데 들어간다.

하지만 케냐 사람들은 새로운 접근 방식을 사용한다. 국민의 절반이 제대로 된 식수를 공급받지 못하고 있기 때문에 그들은 빗물을 모으기 위해 '케냐빗물연합회(Kenya Rainwater Association)'를 형성했다.

그들은 어떤 방식을 사용했을까? 지붕을 활용해 가장 비용이 적게 드는 방식으로 빗물을 모았다. 빗물을 모아 담아 두는 물탱크 바닥을 콘크리트로 튼튼히 다지고 둥그런 형태로 벽을 쌓았다. 둥근 형태의 물탱크가 직사각 형태보다 더 강했기 때문이다. 그리고 증발이나 오염을 막기 위해 뚜껑을 씌었다. 간단한 일처럼 보이지만 케냐는 건설자재를 구하기 힘든 나라이다.

좋은 관행은 세계 도처로 퍼져나갔다. 이제 호주나 일본처럼 부유한 국가도 '케냐 빗물 연합회'의 선구적 노력 덕택에 빗물을 모으는 일을 시작했다. 오늘날, 여성으로 구성된 300개 이상의 그룹이 빗물을 모아 사용하고 있으며, 이웃 우간다에도 이 기술이 전수되었다.

빗물의 집수 덕택에 인도의 마드야 프라데시(Madhya Pradesh) 지역에 있는 대부분의 마을은 서부 인도에 큰 피해를 입히고 있는 가뭄의 영향에서 벗어날 수 있었다. 빗물의 집수는 오랫동안 반복되었던 계절적 가뭄을 해결할 수 있는 지속 가능한 수단이다.

칠레의 조그만 마을인 추궁고(Chugungo)는 오랫동안 물의 부족으로 고통을 겪었고 많은 비용을 치르며 멀리서 물을 가져다 썼다. 그러나 이 마을 사람들은 혁신적인 해결책을 제시했다. 안개에서 물을 얻기 위해 커다란 플라스틱 그물을 설치했고 안개 속에 응축되어 있는 수분이 홈통을 타고 산에서 마을로 흘러내려 왔다. 이렇게 흘러내려 온 물은 마을 주민이 제작한 물탱크로 모아졌다. 이렇게 그물을 통해 안개의 수분을 추출해 모은 물은 마을 사람들의 기본적 욕구를 충족시키기에 충분하고 깨끗했다. 마을 사람들은 이 물을 이용해 4헥타르에 달하는 마을 공동 채소밭을 가꾸고 있다.

일부 개발도상국가는 심각한 가뭄을 겪지 않는 행운을 누리지만, 대신에 너무 많은 물때문에, 또는 질병을 유발하는 물 때문에 고통 받는다. 유엔에 따르면 위생적이지 못한 물이 가장 큰 사망의 원인이라고 한다. 매년 거의 2억 5천만 명이 수인성 질환으로 고통 받고 있으며 5백만 명에서 1천만 명이 물과 관련된 질병으로 사망한다.

인구가 1억 1천2백만 명인 방글라데시는 물로 가장 큰 고통을 받는 나라이다. 세계에서 가장 가난한 나라 중 하나인 방글라데시는 폭풍과 홍수뿐만 아니라 수인성 질환, 열악한 하수도 시설, 그리고 비소가 다량 함유된 식수로 큰 고통을 겪고 있다.

물을 끓이면 문제가 해결될 것이라고 생각할 수도 있지만 방글라데시에서는 물을 끓이기 위해 필요한 땔감이 매우 부족한 상황이다. 결국 이 나라 여성들은 깨끗한 물을 얻는 방법을 스스로 생각해냈다. 전통의상인 사리(sari)를 필터로 사용한 것이다. 이 여성들은 어떻게 해야 물을 거를 수 있는지 경험을 통해 알아냈다. 사리를 네 겹에서 여덟 겹으로 접어 항아리 뚜껑에 씌어서 사용하는 것이었는데 화학 실험을 해본 결과 이 방법은 박테리아를 99% 제거했다.

내게 가장 큰 감동을 준 해결책은 남아프리카공화국의 수도인 요하네스버그 (Johannesburg) 동쪽에 위치한 다비튼(Davieton)에 있는 타봉(Thabong) 유치원에 설치된 펌프였다. 지역사회는 여성들의 부담을 덜어 주기 위해서 아이들의 에너지를 활용했다. 아이들의 회전목마가 어머니들의 펌프질을 대신해 주는 것이었는데 여기서 필요한 것은 열심히 뛰어 노는 아이들의 에너지뿐이었다. 아이들이 회전목마를 돌리면 여기에 연결된 펌프가 상하로 움직인다. 이 펌프는 시간당 1,400리터의 물을 퍼 올렸는데 매우 간단하지만 그 효과는 기대 이상이었다. 얼마 후 이 아이디어는 가난한 농촌 마을과 도시의 빈민가 곳곳으로 퍼졌다.

설치비용은 어떻게 조달했을까? 펌프와 회전목마를 설치하는 데 대략 5천 달러의 비용이 든다. 대다수 마을은 너무 가난해 이 비용을 감당할 수 없었다. 그래서 자금을 모으기 위해 지역사회는 급수탑에 광고판을 달았다. 광고를 이용하는 기업에서 비용을 지불하는 방법이었는데 모두에게 도움이 되는 상황이었다. 특히 에이즈의 위험성을 알리는 광고를 실어 공익성을 더하기도 했다.

이 기술은 세계 곳곳으로 전파되어도 좋은 방법으로 아주 간단하지만 그 효과는 매우 큰 해결책이다.

나는 여러 나라가 값비싼 비용을 투자한 대규모의 조치만 취하려고 한다고 생각한다. 이러한 조치들은 빗물을 모으는 일만큼 효과적인 성과를 거둔다는 보장도 없고, 쉽게 실행하기도 힘들다. 대부분 비용을 조달하기 어려운 도시의 국민들이 어려움에 처해 있고, 세계은행의 자금은 대부분 상대적으로 부유한 사람들이 거주하는 도시의 하수시설을 제공하는 데 사용되고 있다.

하지만 이러한 지원이 앞서 말한 사례들에 적용된다면 훨씬 효과적이고 빠른 해결책이 될 것이다. 예를 들어, 2002년에 요하네스버그에서 지구환경정상회의(Earth Summit)를 개최하는 데 9천만 달러가 들었다. 소위 '전문가'들이 모여 이론적 토론을 하는데 이렇게 많은 비용이 든 것이다. 그런데 에티오피아에서는 한 곳에 공공수도를 설치하는 데 750달러

남아프리카공화국에서는 아이들의 놀이기구를 이용해
마을 전체에 신선한 물을 공급하고 있다.

의 비용이 든다. 따라서 9천만 달러면 총 12만 1천 곳에 공공수도를 설치할 수 있다. 공공수도 한 개는 500명이 사용하기에 충분한 물을 제공하므로 에티오피아 전체 인구 6천7백만 명에게 충분한 물을 제공할 수 있다는 말이다.

이렇게 비효율적인 일들이 발생하기도 하지만 여러 나라 곳곳에서 진정한 혁신이 일어나고 있다. 이와 같은 혁신은 자원봉사 단체, 소규모 기업과 정부 관리와의 역동적인 협력을 통해 발생하기도 한다.

인도의 작은 남부 지방에서는 소형 진공펌프를 자전거와 연결했다. 두세 명이 자전거 페달을 밟아 정화조를 청소하는 방식으로 가난한 지역에 적합한 기술이었다. 이 지역 사람들은 이러한 기술을 통해 문제를 해결했고, 가난한 마을에서까지 막대한 이윤을 취하려던 외국 기업을 무색케 했다.


나는 물 부족에 대처하는 몇 가지 창의적인 해결책을 세계 도처에서 발견했다.

- 미국의 한 가족은 킹 사이즈 물침대를 구입해 증류수를 채웠다. 물이 부족한 상황이 닥칠 때 사용 가능한 식수 1,500리터를 침대 속에 저장하는 것이다.
- 폴란드의 바르샤바에서는 많은 사람들이 물 가격이 떨어질 때(오후 10시 20분에서 다음날 오전 6시 20분까지)까지 기다려 목욕을 한다.
- 중국 쿠밍(Kumming)의 주민들은 도둑을 막기 위해서 집 밖에 있는 수도꼭지에 금속 상자를 씌우고 잠가 버린다.
- 헝가리 농부들은 소보다 물이 덜 들어가는 닭이나 돼지를 키운다.

스웨덴의 스티콤타에서 1년에 한 번씩
'밖에서 소변보기' 행사가 열린다.
이 행사기간 동안 밖에서 소변보는 것으로 50%가
하루에 사용할 수돗물의

절약된다.

# 15 모든 사람을 위한 물

우리는 이 사실들이 변함없는 절대적인 진실이라고 선언한다.

물은 공유재이고 모든 인류의 재산이다. 물에 대한 권리는 양도할 수 없는 집단적인 권리이다. 지구에 거주하는 모든 인간 구성원은 사는 데 필요한 충분한 양질의 물을 사용할 권리를 지닌다. 물은 사유재로서 매매되고 이익을 위해 거래되어서는 안 된다.

지구상에 존재하는 물의 고유한 가치는 그 유용성이나 상업적 가치에 앞선다. 모든 정치적, 상업적 그리고 사회적 조직은 물의 가치를 존중하고 보호해야 한다. 모든 사람과 공동체의 가장 중요한 욕구인 물에 대한 접근을 보장하기 위해 필요한 조건을 창출하는 것은 사회 전체의 의무이고 전 세계 시민의 공동 책임이다.

물은 공동 유산이고 공공 재산이며 기본적인 인간의 권리를 위해 보장되어야 한다. 따라서 물에 따른 문제는 공동의 책임이다. 그리고 이런 원칙을 인식해야만 공평하고 지속가능한 물의 공급이 창출될 수 있다.

세계적으로 우리가 사용할 수 있는 제한적 수자원은 너무 빨리 오염되고, 유용되고, 추출되어 사라지고 있으므로 현재 수백만 명의 사람과 동식물이 생명 유지에 필요한 물 부족을 경험하고 있다.

세계 각국 정부는 소중한 물 자원을 보호하는 데 실패했다.

이에 미국의 시민단체는 세계인과 함께 지구의 물은 국제적 공유재이고, 모든 민족과 정부는 수자원을 보호하고 관리해야 할 책임이 있음을 선언한다. 우리는 물은 결코 사유화되고, 상품화되며, 상업적 목적으로 거래되고 수출되어서는 안 된다고 선언한다. 물은 현재와 미래의 국제 또는 양자간 무역, 투자, 차관 등의 협정을 포함해 각국 정부와 국제통화기금, 세계은행, 다국적 은행의 사이에 맺어진 차관 공여 협정의 대상에서 즉시 면제되어야한다. 물은 특정 기관, 정부, 개인 또는 기업이 이익을 추구하기 위해 판매해서는 안 된다.

우리는 미국이 여러 나라와 민족이 조인한 국제 협약에 즉시 참가해 소중한 자산으로서 지구의 신선한 물 공급 문제에 적극 참여할 것을 촉구한다. 아울러, 어떤 의사 결정 과정에서도 시민이 중심이 되어야 하기 때문에 시민단체는 '세계물의회(World Water Parliament)'를 구성해야 할 것이다.

우리와 연대관계를 형성한 단체들과 함께 우리는 각국 정부가 자국의 수자원이 공공재임을 즉시 선언하고 물의 남용과 오용을 막기 위한 강력한 법령을 제정할 것을 요청한다. 물은 이익을 추구하기 위해 판매되어서는 안 된다. 국제통화기금, 세계은행과 기타 다국적 은행은 물의 민영화를 차관 공여의 조건으로 내걸어서는 안 된다.

## 미국 참가 단체

○ 민주주의를 위한 연대(Alliance for Democracy)

○ 민주주의 행동을 위한 미국인 연합(American for Democracy Action)의 남부 캘리포니아 지부

○ 경제와 사회 권리 센터(Center for Economic and Social Rights)

○ 사회를 걱정하는 시민 위원회(Concerned Citizen Committee)의 오하이오 주 남동부 지부

○ 환경보호를 위한 국제적 자원보호 운동(Global Resource Action for the Environment, GRACE)

○ 세계화 반대를 위한 국민발의(Globalization challenge Initiative)

○ 오리가 살 수 있는 하천 보호를 위한 연대(Keepers of the Duck Creek Watershed)

○ 미주대륙 자원보호 센터(Resource Center of the Americas)

○ 물 보호 연대(Waterkeeper Alliance)

○ 퍼블릭 시티즌(Public Citizen)

○ 에센셜 액션(Essential Action)

○ 글로벌 익스체인지(Global Exchange)

※ 퍼블릭 시티즌(Public Citizen)은 1971년 랄프 네이더(Ralph Nader)가 설립한 비영리 소비자 단체로의회나 정부기관, 재판에서 소비자의 이익을 대변한다.

## 국제적 참가 단체

- 지역사회 정보 연합(Community Information Association), 호주 브리스번
- 캐나다의 푸른 행성 프로젝트 위원회(Council of Canadians' Blue Planet Project)
- 세계화에 관한 국제 포럼(International Forum on Globalization)
- 농업과 통상정책 연구소(Institute for Agriculture and Trade Policy)
- WTO 감시(WTO Watch Qld), 호주 브리스번

이 협정에 참가하려면 cmep@citizen.org로 연락하기 바랍니다.

미국 가정은 하루에 **2 9 3** 갤런의 물을 사용한다.

아프리카 가정은 하루에  갤런의 물을 사용한다.

수돗가에서 몸을 닦고 물을 뜨는 부룬디(Burundi) 어린이들

# 참고 자료

### 폴라리스 인스티튜트(Polaris Institute)

시민운동이 민주적 사회 변화를 위해 투쟁할 수 있도록 필요한 기술과 지식을 제공하기 위해 조직되었다. 특히 이 단체는 경제와 사회, 환경 문제와 관련해 정부를 조종하는 기업의 영향력을 파헤치고 맞서 싸우는 데 필요한 전략과 전술을 개발해 시민운동을 돕고 있다. 이 단체의 사무국장인 토니 클라크는 이 책의 제2장 '물의 제왕' 과 제7장 '생수에 관한 거짓말' 의 공동 필자이며, 모드 발로와 함께 물 위기에 관한 책을 출판했다.

### 빗물 모으기 운동(Rainwater Harvesting)

빗물을 모으는 유용한 방법이 소개되어 있다.

### 라이프워터 인터내셔널(LifeWater International)

기독교 자원봉사 단체로 개발도상국가에 깨끗한 식수와 상하수도 시스템을 보급하는 데 헌신하고 있다.

### 워터에이드(WaterAid)

국제적 비정부기구로서 최빈국에 지속가능한 방식으로 안전한 식수와 상하수도 시스템, 안전에 관한 교육을 하는 데 헌신하고 있다. 워터에이드는 이 책의 제 10장 '물의 부담' 을 썼다.

### 그린피스(Greenpeace)

멸종 위기의 동물을 보호하고 환경훼손에 앞장서는 기업과 국가에 직접 대항하는 이 국제 단체는 깨끗한 물에 대한 인간의 항구적 권리를 위해서도 활동하고 있다. 영국에서 활동하는 그린피스 회원들이 환경 변화에 관한 이 책의 제13장 '높아진 해수면, 넘치는 물로 인한 고통' 을 썼다.

### 국제하천네트워크(International Rivers Network)

강과 습지를 보호하려는 지역 공동체를 지원한다. 파괴적인 하천 개발 프로젝트를 중지시키고, 에너지와 물에 대한 욕구를 충족시키고 홍수도 관리할 수 있도록 다양한 방법을 장려하는 활동을 벌인다. 이 책의 제9장 '자연을 파괴하는 댐 건설' 의 필자인 패트릭 맥컬리(Patrick McCully)는 IRN의 사무국장이다.

### 민주주의 센터(The Democracy Center)

3개 대륙에서 활동하는 사회와 경제정의 실현을 위한 단체와 사람들에게 교육과 상담, 전략적 계획 및 기타 도움을 제공한다. 이 책의 제3장 '푸른 혁명' 의 필자인 짐 슐츠(Jim Schultz)는 물 사유화에 반대하는 시민 봉기의 선구적 역할을 한 볼리비아 코차밤바에서 민주주의 센터를 운영하고 있다.

### 리버키퍼(Riverkeeper)

허드슨 강과 그 지류가 지녔던 환경적, 오락적, 상업적인 본래 모습을 지키고 뉴욕 시와 웨스트체스터(Westchester) 카운티의 식수를 안전하게 공급하기 위한 활동을 한다. 이 단체의 수석 상담역인 로버트 F. 케네디 주니어(Rober F. Kennedy Jr.)는 이 책의 제8장 '꿈의 강'을 썼다.

### 워터파트너스 인터내셔널(WaterPartners International)

비정부기구로서 개발도상국가에 깨끗한 식수를 제공하는 일에 전념하고 있다.

### 천연자원보호위원회(Natural Resources Defense Council)

자연적으로 중요한 장소, 시스템, 생물을 보호하기 위해 로비나 법 제정 운동, 그리고 민간조직의 결성에 노력하고 있다. 이 단체의 주요목적 중 하나는 깨끗한 물과 바다의 보호이다.

### 유네스코 워터(UNESCO Water)

국제연합 교육문화과학 기구의 국제 수자원관련 정보센터이다. 유네스코는 제11장 '물과의 전쟁'을 썼고 이 책 전반에 걸쳐 많은 기여를 했다.

### 민중의 물 포럼(The People' s Water Forum)

다국적 기업, 세계은행, 국제통화기금이 중심이 된 세계 물 포럼(World Water Forum)에 대항하기 위해 결성된 민중연합이다.

### 캐나다 위원회(Canadian Council)

1985년에 창립한 저명한 민간 감시단체로 세계화와 관련된 공공적 문제에 초점을 맞추고 있다. 의장인 모드 발로(Maude Barlow)는 제2장 '물의 제왕'과 제7장 '생수에 관한 거짓말'의 공동 필자이며 국제 물 문제에 대한 주요 사상가이다.

### 세계 댐 위원회(World Commission on Dam)

활동가, 엔지니어, 관료가 대규모 댐의 건설에 대한 국제적 현안을 학습하고 토론하기 위한 노력의 일환으로 형성된 공동연구 프로젝트이다. 2000년에 최종 보고서를 제출하고 해체되었지만, 대규모 댐 건설에 대한 문제를 협의하기 위해 지금까지 조직된 가장 영향력 있는 프로젝트의 하나이다.

### 국제저항 - 인도천연자원센터(Global Resistance - India Resource Center)

인도에서 기업이 그들만의 이익을 위해 주도하는 세계화에 반대하는 운동을 지지하는 국제저항의 하부 프로젝트이다. 국제저항은 기업 주도의 세계화에 반대하기 위해 각국의 지역조직 풀뿌리 운동과 연대하고 있다. 아미트 스리바스타바(Amit Srivastava)는 이 책의 제6장 '코카콜라의 범법행위'를 썼다.

### 옥스팸(Oxfam)

빈곤, 고통, 불의에 대해 항구적인 해결책을 찾기 위해 100여 개국 이상에서 활동하는 12개 단체의 연합체이다. 팔레스타인이나 이라크 같은 분쟁지역에 깨끗한 물을 공급하기 위해 하수도 시스템의 복원에 힘쓰고 있다. 영국 옥스팸의 사무국장인 바바라 스토킹(Barbara Stocking)은 이 책의 제12장 '팔레스타인의 정의를 위한 갈증'을 썼다.

### 퍼블릭 시티즌(Public Citizen)

의회의 행정부, 법원에서 소비자의 이해를 대변하는 랄프 네이트(Ralph Nader)가 1971년에 미국에서 설립한 비영리 소비자 옹호단체이다. '주요 대중 에너지와 환경 프로그램(Critical Mass Energy and Environment Program)' 운동에는 국제적 물의 민영화에 반대하는 캠페인이 포함되어 있다. 퍼블릭 시티즌은 이 책의 제15장 '모든 사람을 위한 물'을 썼다.

### 스톡홀름 국제 물 기구(Stockholm International Water Institute)

가속화되는 세계의 물 위기에 대처하기 위해 국제적 노력을 벌이는 단체.

### Oz 그린(Oz Green)

지역적, 국가적, 세계적 프로젝트의 형태로 세계 수로를 보호하는 운동을 벌이는 단체.

### 성과 물 연대(The Gender and Water Alliance)

개발도상국가의 여성들이 물 관리를 위해 어떠한 역할을 하고 있는지 비정부기구나 각국 정부에 조언하는 300개 조직과 개인들로 구성된 단체이다. 이 단체는 네덜란드와 영국 정부가 자금을 지원한 '국제 물 파트너십(Global Water Partnership)'의 제휴 프로그램의 일환으로 형성되었다.

### 빗물 사용의 촉진을 위한 민중연대(People for Promoting Rainwater Utilization)

물 부족과 오염에 대처하기 위해 전 세계적으로 빗물을 활용하자는 캠페인을 벌이고 있는 비정부기구.

### 민중의 물(Water for People)

국제적 비영리 개발조직으로 개발도상국가에 안전한 마실 물과 하수도 시스템을 공급하는 데 노력하고 있다. 미국수리업연합회(American Water Works Association)의 프로젝트 중 하나이다.

### 크리스찬 에이드(Christian Aid)

크리스찬 에이드는 민중이 직면한 문제에 대한 해결책을 스스로 찾도록 지원해야 한다고 믿는다. 빈곤을 종식시켜 새로운 세상을 만들고 가난한 사람을 양산하는 정책을 변화시키기 위해 노력하고 있다. 이 단체는 물로 고통 받는 지역을 적극적으로 도와 신선한 물과 위생적인 하수 시스템을 갖추도록 노력하고 있다.

**전국 안전 식수 보호 연합회**(National Pure Water Association)

영국에서 안전한 식수를 보호하기 위해 설립한 운동 단체.

**워터캔**(WaterCan)

워터캔은 개발도상국가에서 지속가능한 물 공급과 하수도 시스템을 개발하도록 도우며, 캐나다 사람들이 이 운동에 동참하도록 유도하고 있다.

**에이드워치**(AidWatch)

호주에서 물에 대한 권리를 보호하기 위해 앞장서고 있는 비정부기구.

**물 문제**(Water Matters)

TEAR 호주(TEAR Australia)가 운영하고 '호주 해외원조 위원회(Australian Council for Overseas Aid, ACFOA)'의 후원 아래, 세계적으로 안전한 물 공급을 위한 로비를 벌이고 있다.

**호주자원보호재단**(Australian Conservation Foundation)

바다와 수자원 보호를 강화하려는 캠페인을 벌이고 있는 단체.

**세계의 물**(The World's Water)

태평양연구소(Pacific Institute)의 프로젝트로서 세계의 깨끗한 수자원에 관한 정보를 취합하고 있다.

**국제 지구의 친구들**(Friends of the Earth International)

수자원과 습지 보호 캠페인에 초점을 두고 있다.

**세계감시연구소**(The WorldWatch Institute)

독립적인 연구기관으로 환경과 사회정의 문제에 초점을 두고 있다. 연구 분야에는 바닷물과 민물, 물 부족, 물 관련 갈등 등이 포함된다.

옮긴이 **황해선**

성균관대학교 경제학과를 졸업하고, 영국 요크 대학(University of York)에서 MSC석사를 취득했다. 메리츠증권 전략투자본부 벤처사업팀과 대한상공회의소 경제조사부에서 근무한 경력이 있다. 현재 SBS 번역대상 최종심사기관으로 위촉된 (주)엔터스코리아에서 전속 번역가로 활동하고 있다. 주요 역서로는 〈MIT 수학 천재들의 카지노 무너뜨리기〉〈새로운 금융질서 21세기의 리스크〉〈전자우편〉〈네트워크 마케팅 1년 버티면 성공한다〉〈안락의자에 앉아 있는 경제학자들〉〈인생의 2막〉〈분단의 기원〉〈리더십 이해하기〉 등이 있다.

지구의 생명, 물의 위기

애니타 로딕 · 브룩 셸비 빅스 편저
황해선 옮김

| | |
|---|---|
| 초판 인쇄 | 2005년 9월 20일 |
| 초판 발행 | 2005년 9월 25일 |

| | |
|---|---|
| 펴낸곳 | 시간과공간사 |
| 등록 | 1988년 11월 16일(제 1-835호) |
| 펴낸이 | 임재원 |

| | |
|---|---|
| 기획 · 편집 | 김소정 |
| 편집 | 강은미 |
| 마케팅 | 윤경한 |

ISBN  89-7142-180-0  03530

서울시 마포구 신수동 340-1(201호)  우편번호 121-856
전화 3272-4546~8  팩스 3272-4549
이메일  tnsbook@empal.com

유엔은 현재와 같은 물 소비 추세가 계속된다면 25년 이내에 50억 명이 위생, 요리, 식수 등 기본적인 욕구를 충족시키기 불가능하거나 어려울 정도로 물이 부족한 지역에서 살게 될 것이라고 예측한다.